修心三不

不抱怨 不生气 不失控

煋 云 一 著

中国华侨出版社

北 京

图书在版编目 (CIP) 数据

修心三不 : 不抱怨不生气不失控 / 煋云著 . -- 北
京 : 中国华侨出版社 , 2019.8
ISBN 978-7-5113-7913-9

Ⅰ . ①修… Ⅱ . ①煋… Ⅲ . ①情绪—自我控制—通俗
读物 Ⅳ . ① B842.6-49

中国版本图书馆 CIP 数据核字（2019）第 127124 号

修心三不 : 不抱怨不生气不失控

著　　者：煋云
责任编辑：黄　威
封面设计：韩立强
文字编辑：徐胜华
美术编辑：吴秀侠
经　　销：新华书店
开　　本：880mm×1230mm　1/32　印张：6　字数：180 千字
印　　刷：北京德富泰印务有限公司
版　　次：2020 年 6 月第 1 版　2021 年 1 月第 4 次印刷
书　　号：ISBN 978-7-5113-7913-9
定　　价：36.00 元

中国华侨出版社　北京市朝阳区西坝河东里 77 号楼底商 5 号　邮编：100028
法律顾问：陈鹰律师事务所
发 行 部：（010）58815874　　　传　　真：（010）58815857
网　　址：www.oveaschin.com　E－m a i l：oveaschin@sina.com

如果发现印装质量问题，影响阅读，请与印刷厂联系调换。

　　不抱怨是获得幸福生活的秘密所在。"对过去不悔，对现在不烦，对未来不忧。"远离抱怨能够让我们幸福、快乐地生活。一味地抱怨，使人丧失的不只是面对生活的勇气，还有身边的朋友。爱抱怨也是影响人的职业生涯的因素之一。职场上永无休止的抱怨，只会让人失去奋斗的激情，且让他人敬而远之。荀子说："自知者不怨人，知命者不怨天，怨人者穷，怨天者无志。"因此，我们应该学会感恩生活，远离抱怨。

　　不生气是成就卓越人生的大智慧。生活中，我们往往会为了一些人和事而生气：当我们工作不顺心的时候，我们会生气；当我们被别人误解的时候，我们会生气；当我们看到不顺眼的做法的时候，我们会生气……生气不但无助于问题的解决，还扰乱我们的心境，恶化我们的人际关系，破坏我们的人生幸福。更为严重的是，生气还是摧残身体健康的罪魁祸首，会加速我们的衰老。因此，与其拿别人的错误来惩罚自己，还不如给别人台阶下，一笑了事罢了。这样，既不伤害自己的身体，又能保持良好的心境和人际关系，何乐而不为呢？我们虽然不能做到无贪无嗔无痴，但是我们可以做到不生气。在人生低谷时奋起，在痛苦时不去计较，在愤怒时选择冷静，在执迷时敢于放弃，用感恩的心看待世界，这样我们就能远离生气，不再让生气损害我们的身心，而以积极健康的心态面对人生。

　　不失控是有效表达自己的最佳状态。性格好了，运气来了；情绪好了，福气来了。 卓越的成功者活得充实、自信、快乐，平庸的失败者过得空虚、窘迫、颓废。究其原因，仅仅是因为这两类人控制情绪的能力不同。善于控制自己情绪的人，能在绝望的时候看到希望，能在黑暗的时候看到光明，所以他们心中永远燃烧着激情和乐观的火焰，永远拥有积极向上、不断奋斗的动力；而失败者并不是真的像他们所抱怨的那样缺少机会，或者是资历浅薄，甚至是上天不公。其实，大多数失败者失意时总是一味地抱怨而不思东山再起，落后时不想奋起直追，消沉时只会借酒消愁，得意时却又忘乎所以。他们之所以失败，就是因为他们没有很好地掌控自己的情绪。

目 录
CONTENTS

不抱怨——心态好了，运气来了

不生气——脾气好了，福气来了

第三章　不较真儿，人活着可别太累

第四章　要宽容，不要拿别人的错误惩罚自己

不失控——情绪好了，人气来了

第一章　情绪不失控，人生才不失控

第四章 掌控好情绪，做情绪真正的主人

不抱怨

——心态好了，运气来了

第一章
别让抱怨摧毁了你的生活

抱怨是世界上最没有价值的语言

今天抱怨这个，明天抱怨那个，仿佛一刻不说抱怨的话，我们就感受不到心理的平衡。可是只是一味地去抱怨，对于改善处境没有丝毫益处，只有先静下心来分析自己，并下定决心去改变它，付诸行动，它才能向你所希望的方向发展。一分耕耘，一分收获，不要企望在抱怨或感叹中取得进步，事情的进展是你的行为直接作用的结果。事在人为，只要你去努力争取，梦想终能成真。

画家列宾和他的朋友在雪后去散步，他的朋友瞥见路边有一片污渍，显然是狗留下来的尿迹，就顺便用靴尖挑起雪和泥土把它覆盖了，没想到列宾发现时却生气了，他说："几天来我总是到这来欣赏这一片美丽的琥珀色。"在我们的生活中，当我们老是埋怨别人给我们带来不快，或抱怨生活不如意时，想想那片狗留下的尿迹，其实，它是"污渍"，还是"一片美丽的琥珀色"，都取决于你自己的心态。

不要抱怨你的工作不好，不要抱怨你住在破宿舍里，不要抱怨你的男人穷或你的女人丑，不要抱怨你没有一个好爸爸，不要抱怨你空怀一身绝技没人赏识你，现实有太多的不如意，就算生活给你的是垃圾，你同样能把垃圾踩在脚底下，登上世界之巅。

孔雀向王后朱诺抱怨。它说："王后陛下，我不是无理取闹来诉说，您赐给我的歌喉，没有任何人喜欢听，可您看那黄莺小精灵，唱出的歌声婉转，它独占春光，风头出尽。"

朱诺听到如此言语，严厉地批评道："你赶紧住嘴，嫉妒的鸟儿，你看你脖子四周，如一条七彩丝带；当你行走时，舒展的华丽羽毛就好像色彩斑斓的珠宝。你是如此美丽，你难道好意思去嫉妒黄莺的歌声吗？这世界上没有任何一种鸟能像你这样受到别人的喜爱。一种动物不可能具备世界上所有动物的优点。我们赐给大家不同的天赋，有的天生长得高大威猛；有的如鹰一样的勇敢，鹊一样的敏捷；乌鸦则有可以预告未来之声。大家彼此相融，各司其职。所以我奉劝你停止抱怨，不然的话，作为惩罚，你将失去你美丽的羽毛。"

抱怨对事情没有一点帮助，与其不停地抱怨，不如把力气用于行动。

抱怨的人不见得不善良，但常不受欢迎。抱怨的人认为自己经历了世上最大的不平，但他忘记了听他抱怨的人也可能同样经历了这些，只是心态不同，感受不同。

宽容地讲，抱怨实属人之常情。然而抱怨之所以不可取在于：

3

抱怨等于往自己的鞋里倒水，只会使以后的路更难走。抱怨的人在抱怨之后不仅让别人感到难过，自己的心情也往往更糟，心头的怨气不但没有减少，反而更多了。常言道：放下就是快乐。与其抱怨，不如将其放下，用超然豁达的心态去面对一切，这样迎来的将是一番新的景象。

天下有很多东西是毫无价值的，抱怨就是其中一种。

抱怨往往来自心理暗示

暗示是一种奇妙的心理现象，暗示又可分为他暗示与自我暗示两种形式。他暗示从某种意义上说可以称之为预言，虽然它对我们的生活也起一定作用，但却不及自我暗示的力量大。

自我暗示就是自己对自己的暗示。所有为自我提供的刺激，一旦进入了人的内心世界，都可称之为自我暗示。自我暗示是思想意识与外部行动两者之间沟通的媒介。它还是一种启示、提醒和指令，它会告诉你注意什么、追求什么、致力于什么和怎样行动，因而它能支配影响你的行为。这是每个人都拥有的一个看不见的法宝。

自有人类以来，不知有多少思想家、传教士和教育者都已经一再强调不抱怨的重要性。但他们都没有明确指出：不抱怨其实也是一种心理状态，是一种可以用自我暗示诱导和修炼出来的积极的心理状态。

成功始于觉醒，心态决定命运。这是当今时代的伟大发现，是成功心理学的卓越贡献。成功心理、积极心态的核心就是自我主动意识，或者称作积极的自我意识，而这种意识的来源和成果就是经常在心理上进行积极的自我暗示。反之也一样，消极心态、自卑意识，就是经常在心理上暗示，不同的心理暗示也是形成不同的意识与心态的根源。所以说心态决定命运，正是以心理暗示决定行为这个事实为依据的。

不同的心理暗示，会给你带来不同的情绪。

我们多数人的生活境遇，既不是一无所有、一切糟糕，也不是什么都好、事事如意。这种一般的境遇相当于"半杯咖啡"。你面对这半杯咖啡，心里会产生什么念头呢？消极的自我暗示是为少了半杯而不高兴，情绪消沉；而积极的自我暗示是庆幸自己已经获得了半杯咖啡，那就好好享用，因而情绪振作、行动积极。

由此可见，心理暗示这个法宝有积极的一面也有消极的一面，不同的心理暗示必然会有不同的选择与行为，而不同的选择与行为必然会有不同的结果。有人曾说："一切的成就，一切的财富，都始于一个意念。"我们还可以再说得浅显全面一些：你习惯于在心理上进行什么样的自我暗示，就是你贫与富、成与败的根本原因。因而，我们一直强调，发展积极心态、取得成功的主要途径是：坚持在心理上进行积极的自我暗示，去做那些你想做而又怕做的事情，尤其要把羞于自我表现、惧于与人交际的心理改变为敢于自我表现、乐于与人交际的心理。

每个人都带着一个看不见的法宝。这个法宝具有两种不同的作用，这两种不同的力量都很神奇。它会让你鼓起信心勇气，抓住机遇，采取行动，去获得财富、成就、健康和幸福；也会让你排斥和失去这些极为宝贵的东西。

这个法宝的两面就是两种截然不同的心理上的自我暗示，关键就在于你选择哪一面，经常使用哪一面了。

一个人的心理暗示是怎样的，他就会真的变成那样。如果经常给自己一些对现状不满的心理暗示，自然会产生抱怨。所以，我们要调动自己的情绪心理，充分利用积极的心理暗示。让自己从内心中剔除抱怨，不断地给自己激励与鼓舞的正面暗示，你才能感受到精神与行动的统一，才能感受到在不抱怨的世界里，那股来自宇宙间的神奇力量。

怨天尤人不如改变心态

电视剧《好想好想谈恋爱》中有这样一段，女主人公谭艾琳和男朋友伍岳峰分手之后，巨大的伤痛让她几乎崩溃，她将自己所有的情绪都用来抱怨：

"你现在打死伍岳峰他也不会明白，其实最受损失的是他，而不是我。我是他生命中唯一的一次爱情机会，他错失了，他以后再也没有机会了，他以为他的天底下有几个谭艾琳？他真是有眼无珠，他以后只有哭的份儿了，这就叫过了这村就没这店了，他肠子都得悔青了。

"有的男人对我来说重如泰山，有的轻如鸿毛。伍岳峰就是鸿毛。我像扔个酒瓶似的把他彻底打碎了，他根本不懂女人，离开他是我的幸运和解脱，他将永远处处碰壁，对，碰壁，碰得头破血流。而我经过历练，炉火纯青，笑到最后的是我。他完蛋了，他会一蹶不振，追悔莫及，太好了。"

诸如此类的抱怨她几乎如同潮水一样的倾倒给自己所有的朋友，直到有一天，朋友实在忍受不住她的抱怨："你已经唠叨了一个星期了。说实话我听得已经有点儿头晕耳鸣了，再听下去我会疯掉的。"于是，在之后的日子中，她与同样失恋的男人章月明一起倾诉彼此的不幸，在章月明的不断抱怨中，谭艾琳自己渐渐开始沉默，直到有一天她也听够了大喊道："别说了，太无聊了，一个男人或一个女人一辈子愤怒的是爱情，谩骂的是爱情，得意的是爱情，沮丧的还是爱情，一辈子就忙活爱情吗？你别再跟我唠叨了，我受够了。别人没有义务承担你感情的后果，这是你应该自己解决的问题，你爱一个人就是愿打愿挨的事，没有人逼你，知道吗？敢做就得敢当。"

的确，就像谭艾琳那样，当自己不断地抱怨的时候，自己对于已经成为别人眼中的"怨妇"毫无知觉，可当看到另一个人如同自己一样整天抱怨的时候，这时候才会突然觉醒，原来自己竟是如此可怜、可悲，在别人的事情中看到了自己的影子，也可能会突然觉得如此的抱怨多么的令人厌倦。

生活中，我们常常以为自己通过抱怨可以博得别人的同情，但就像鲁迅笔下的祥林嫂一样，不幸的事情在别人的耳朵里已经长茧，当初的同情也可能化成嘲笑，最终成为别人茶余饭后的笑柄。而对于我们每一个人来说，遇到不幸的事情，抱怨根本不能让失去的东西重新回来，反而更加影响自己的生活，失去的越来越多。

当一个人开始抱怨的时候，他能想到的只是自己当初如何的不幸，才造成如今的结果，越想越伤心，越想越生气，当这种情绪不断蔓延的时候，根本没有心情去做别的事情。比如，当抱怨自己的生活条件不佳，不仅不能为改善你的生活起到任何作用，反而影响到你为自己创造更好条件的机会和时间，如果说将抱怨的时间用来努力想办法改善自己的生活条件的话，那么很可能当初和自己条件相当的人在一年之后仍然在抱怨，而自己却已经在咖啡厅里悠闲地享受生活了。所以说抱怨远远不如调整好自己的状态，努力地改变现状，这样更容易使自己摆脱困境。

虽然有时候我们常常会因为遇到了困难而暴躁不安，可是苦难不会因为你的暴躁而消失。所以，当我们苦闷的时候可以尝试着放松心情，暗示自己这是很正常的事情，没有什么大不了的。可以适当地倾诉，但是不能一直沉浸在不幸的事情上。充满信心，昂首挺胸地迎接生活的挑战才是打好胜仗的前提条件。人生处处都有希望，只要你想去做，尽力做，就能做得更好。

别把抱怨当成习惯

从前，有一个国家，连一匹马都没有。这个国家的国王非常忧虑，他下决心不惜重金四处购买骏马。

不久，买来了500匹高大的骏马，国王见后，心中非常欢喜，立即命令加以训练。

当500匹战马被训练得能够冲锋陷阵的时候，邻国和他建立了邦交，互派使节，表现得非常和气。

国王以为可以高枕无忧了。

这样的和平一直持续了好几年。国王看到这500匹马一直养尊处优，而且养马这一笔经费确实为数不少，不禁又烦恼起来。后来，他想出了一个主意："何不把这些马送去从事生产呢？这样不仅减少了开支，而且还能增加国家财政的收入，岂不是两全其美！"于是，他下令将这500匹马牵到磨坊去磨米。

这500匹马每天被工人们用布紧紧蒙住眼睛，又用鞭子抽打，逼着它们拉着石磨旋转。起初，马非常不习惯，但后来，500匹战马慢慢地被驯服了，对拉磨也就习以为常了。

国王知道这些情况后，笑道："这些马既能保国，又能生产，我的主意真是一举两得啊！"

不久，邻国突然进兵侵犯他的国境。国王即刻下令召集那500匹马应战。国王亲自领着500骑兵，浩浩荡荡向战场进发。

到了战场，两军交锋，国王的500匹战马虽然壮硕，但平常都习惯了拉磨，此时面对敌军也不断地旋转着。骑兵们着急地提鞭抽打，没想到抽打得越快，马旋转得越快。敌军见状大喜，遂驱军直进，横杀直刺，好不痛快，国王的骑兵被杀得落花流水，逃窜而去。

在生活中，不如意的事情时有发生，你是否经常抱怨不断呢？不要让抱怨成为习惯，否则，就会像那些习惯了拉磨的战马一样，陷入了永无止境的旋转轮回。

有这样一个寓言故事：

有一天，素有森林之王之称的狮子来到了天神面前："我很感谢你赐给我如此雄壮威武的体格、如此强大无比的力气，让我有足够的能力统治这整片森林。"

天神听了，微笑地问："这不是你今天来找我的目的吧？看起来你似乎为了某事而困扰呢！"

狮子轻轻吼了一声，说："天神真是了解我啊！我今天的确是有事相求。因为尽管我的能力再好，但是每天鸡鸣的时候，我总是会被鸡鸣声给吓醒。祈求您，再赐给我力量，让我不再被鸡鸣声吓醒吧！"

天神笑道："你去找大象吧，它会给你一个满意的答复的。"

狮子兴冲冲地跑到湖边找大象，还没见到大象，就听到大象跺脚所发出的"砰砰"响声。

狮子加速地跑向大象，却看到大象正气呼呼地直跺脚。

狮子问大象："你干吗发这么大的脾气？"

大象拼命摇晃着大耳朵，吼着："有只讨厌的小蚊子，总想钻进我的耳朵里，害我都快痒死了。"

狮子离开了大象，心里暗自想着："原来体型这么巨大的大象，还会怕那么瘦小的蚊子，那我还有什么好抱怨的呢？毕竟鸡鸣也不过一天一次，而蚊子却是无时无刻地骚扰着大象。这样想来，我可比它幸运多了。"

狮子一边走，一边回头看着仍在跺脚的大象，心想："天神要我来看看大象的情况，应该就是想告诉我，谁都会遇上麻烦事。既然如此，那我只好靠自己了！反正以后只要鸡鸣时，我就当作鸡是在提醒我该起床了，如此一想，鸡鸣声对我还算是有益处呢！"

不言而喻，稍微遇上一些不顺心的事，就习惯性地抱怨老天亏待我们，那么我们将错失许多美好的机会。有时候自己觉得对生活不满的时候，看看别人，或者给自己换一种心态，你就将看到不一样的人生。

不要抱怨生活的不公平

在现实中，我们难免要遭遇挫折与不公正的待遇，每当这时，有些人往往会产生不满，不满通常会引起牢骚，希望以此引起更多人的同情，吸引别人的注意力。从心理角度上讲，这是一种正常的心理自卫行为。但这种自卫行为同时也是许多人心中的痛，牢骚、抱怨会削弱责任心，降低工作积极性，这几乎是所有人为之担心的问题。

通往成功的征途不可能一帆风顺，遭遇困难是常有的事。事业的低谷、种种的不如意让你仿佛置身于荒无人烟的沙漠，没有食物也没有水。这种漫长的、连绵不断的挫折往往比那些虽巨大但却可以速战速决的困难更难战胜。在面对这些挫折时，许多人不是积极地去找一种方法化险为夷，绝处逢生，而是一味地急躁，抱怨命运的不公平，抱怨生活给予的太少，抱怨时运的不佳。

奎尔是一家汽车修理厂的修理工，从进厂的第一天起，他就开始喋喋不休地抱怨，"修理这活儿太脏了，瞧瞧我身上弄的"，"真累呀，我简直讨厌死这份工作了"……每天，奎尔都是在抱怨和不满的情绪中度过。他认为自己在受煎熬，在像奴隶一样卖苦力。因此，奎尔每时每刻都窥视着师傅的眼神与行动，稍有空隙，他便偷懒耍滑，应付手中的工作。

转眼几年过去了，当时与奎尔一同进厂的3个工友，各自凭着精湛的手艺，或另谋高就，或被公司送进大学进修，独有奎尔，仍旧在抱怨中做他讨厌的修理工。

抱怨的最大受害者是自己。生活中你会遇到许多才华横溢的失业者，当你和这些失业者交流时，你会发现，这些人对原有工作充满了抱怨、不满和谴责。要么就怪环境条件不够好，要么就怪老板有眼无珠，不识才……总之，牢骚一大堆，积怨满天飞。殊不知这就是问题的关键所在——吹毛求疵的恶习使他们丢失了责任感和使命感，只对寻找不利因素兴趣十足，从而使自己发展的道路越走越窄。他们与公司格格不入，变得不再有用，只好被迫离开。如果不相信，你可以立刻去询问你所遇到的任何10个失业者，问他们为什么没能在所从事的行业中继续发展下去，10个人当中至少有9个人会抱怨旧上级或同事的不是，绝少有人能够认识到自己之所以失业的真正原因。

提及抱怨与责任，有位企业领导者一针见血地指出："抱怨是失败的一个借口，是逃避责任的理由。爱抱怨的人没有胸怀，很难担当大任。"仔细观察任何一个管理健全的机构，你会发现，没有人会因为喋喋不休的抱怨而获得奖励和提升。这是再自然不过的事了。想象一下，船上水手如果总不停地抱怨：这艘船怎么这么破，船上的环境太差了，食物简直难以下咽，以及有一个多么愚蠢的船长……这时，你认为，这名水手的责任心会有多大？对工作会尽职尽责吗？假如你是船长，你是否敢让他做重要的工作？

如果你受雇于某个公司，就发誓对工作竭尽全力、主动负责吧！只要你依然还是整体中的一员，就不要谴责它，不要伤害它，否则你只会诋毁你的公司，同时也断送了自己的前程。如果你对公司、对工作有满腹的牢骚无从宣泄时，做个选择吧。一是选择离开，到公司的门外去宣泄；二是选择留下。当你选择留在这里的时候，就应该做到在其位谋其政，全身心地投入工作上来，为更好地完成工作而努力。记住，这是你的责任。

一个人的发展往往会受到很多因素的影响，这些因素有很多是自己无法把握的，工作不被认同、才能不被发现、职业发展受挫、上司待人不公、别人总用有色眼镜看自己……这时，能够拯救自己走出泥潭的只有忍耐。比尔·盖茨曾告诫初入社会的年轻人："社会是不公平的，这种不公平遍布于个人发展的每一个阶段。"在这一现实面前，任何急躁、抱怨都没有益处，只有坦然地接受现实并战胜眼前的痛苦，才能使自己的事业有进一步发展的可能。

吃亏有时是种福

做事有长远计划的人，不会只计较自己的获得，而是懂得在适当的时候舍弃。因为他们知道，有时候"吃亏"并不是一种灾难，只有在经历了一番舍弃以后，我们才能获得更多的意外收获。

英国哈利斯食品加工工业公司总经理亨利，有一次突然从化验室的报告单上发现，他们生产食品的配方中，起保鲜作用的添加剂有毒，虽然毒性不大，但长期服用对身体有害。如果不用添加剂，则又会影响食品的新鲜度。

亨利考虑了一下，他认为应以诚对待顾客，于是他毅然把这一有损销量的事情告诉了每位顾客，随之又向社会宣布，防腐剂有毒，对身体有害。

作出这样的举措之后，他承受了很大的压力。食品销路锐减不说，所有从事食品加工的老板都联合起来，用一切手段向他反扑，指责他别有用心，打击别人，抬高自己，他们一起抵制哈利斯公司的产品，哈利斯公司一下子跌到了濒临倒闭的边缘。苦苦挣扎了4年之后，亨利的食品加工公司已经无以为继，但他的名声却家喻户晓。

这时候，政府站出来支持亨利了。哈利斯公司的产品又成了人们放心满意的热门货。哈利斯公司在很短时间内便恢复了元气，规模扩大了两倍。哈利斯食品加工公司一举成了英国食品加工业的"龙头公司"。

很多人认为吃亏是一种损失，自己想要的东西没有得到，或者本来应该拥有的没有获得，心里总会有一种失落的感觉。可是，如果你不舍弃自己的利益，成全别人，就不会得到别人的关注和支持。

深圳有一个农村来的妇女，起初给人当保姆，后来在街头摆小摊儿，卖一个胶卷赚一角钱。她认死理，一个胶卷永远只赚一角。现在她开了一家摄影器材店，门面越做越大，还是一个胶卷赚一角；市场上一个柯达胶卷卖23元，她卖16元1角，批发量大得惊人，深圳搞摄影的没有不知道她的。别人的钱包丢在她那儿了，她花了很多长途电话费才找到失主；有时候算错账多收了人家的钱，她心急火燎找到人家还钱。听起来像傻子，可赚的钱很可观。在深圳，再牛气的摄影商，也都去她那儿拿货。

在很多人眼里，这个深圳妇女总是做着吃亏的傻事，可是正是因为她的勇于吃亏，正是她对于别人的利益的成全，她才能吸引更多的顾客，才能让自己的生意做得越来越红火。所以说，吃亏并不如我们想象中那么可怕，有时候吃亏反而是一种福气。

吃亏是福，需要的是一种潇洒的生活态度，也需要一种做事的魄力。虽然有时候我们需要舍弃的东西并不多，可是能够将自己的东西和利益拱手相让的，还是需要一份勇气，一种风度，一种气量。

关键的时候敢于吃亏，这不仅体现我们大度的胸怀，同时也是做大事业的必要素质。赢到最后的人，才是真正的赢家。

失去可能是另一种获得

人生就像一场旅行，在行程中，你会用心去欣赏沿途的风景，同时也会接受各种各样的考验，这个过程中，你会失去许多，但是，你同样也会收获很多，因为，失去是另一种获得。

有一位住在深山里的农民，经常感到环境艰险，难以生活，于是便四处寻找致富的好方法。一天，一位从外地来的商贩给他带来了一样好东西，尽管在阳光下看去那只是一粒粒不起眼儿的种子。但据商贩讲，这不是一般的种子，而是一种叫作"苹果"的水果的

15

种子，只要将其种在土壤里，几年以后，就能长成一棵棵苹果树，结出数不清的果实，拿到集市上，可以卖好多钱呢！

欣喜之余，农民急忙将苹果种子小心收好，但脑海里随即涌现出一个问题：既然苹果这么值钱、这么好，会不会被别人偷走呢？于是，他特意选择了一块荒僻的山野来种植这种颇为珍贵的果树。

经过几年的辛苦耕作，浇水施肥，小小的种子终于长成了一棵棵茁壮的果树，并且结出了累累硕果。

这位农民看在眼里，喜在心中。因为缺乏种子的缘故，果树的数量还比较少，但结出的果实也肯定可以让自己过上好一点儿的生活。

他特意选了一个吉祥的日子，准备在这一天摘下成熟的苹果，挑到集市上卖个好价钱。当这一天到来时，他非常高兴，一大早便上路了。

当他气喘吁吁爬上山顶时，心里猛然一惊，那一片红灿灿的果实，竟然被外来的飞鸟和野兽们吃了个精光，只剩下满地的果核。

想到这几年的辛苦劳作和热切期望，他不禁伤心欲绝，大哭起来。他的财富梦就这样破灭了。在随后的岁月里，他的生活仍然艰苦，只能苦苦支撑下去，一天一天地熬日子。不知不觉之间，几年的光阴如流水一般逝去。

一天，他偶然来到了这片山野。当他爬上山顶后，突然愣住了，因为在他面前出现了一大片茂盛的苹果林，树上结满了累累硕果。

这会是谁种的呢？他思索了好一会儿才找到了答案：这一大片

苹果林都是他自已种的。

几年前，当那些飞鸟和野兽在吃完苹果后，就将果核吐在了旁边，经过几年的时间，果核里的种子慢慢发芽生长，终于长成了一片更加茂盛的苹果林。

现在，这位农民再也不用为生活发愁了，这一大片林子中的苹果足以让他过上幸福的生活。

从这个故事当中我们可以看出，有时候，失去是另一种获得。花草的种子失去了在泥土中的安逸生活，却获得了在阳光下发芽微笑的机会；小鸟失去了几根美丽的羽毛，经过跌打，却获得了在蓝天下凌空展翅的机会。人生总在失去与获得之间徘徊。没有失去，也就无所谓获得。

一扇门如果关上了，必定有另一扇门打开。你失去了一种东西，必然会在其他地方收获另一种东西。关键是，你要有乐观的心态，相信有失必有得，要舍得放弃，正确对待你的失去。

第二章

停止抱怨，享受幸福的人生

内心期待什么就能做成什么

我们的内心有着很强大的力量，如果我们一直对生活寄托很多美好的期许，那么即使是在厄运当中，我们的命运也会很快得到扭转。

大学期间，戴尔经常听到同学们谈论想买电脑，但由于售价太高，许多人买不起。戴尔心想："经销商的经营成本并不高，为什么要让他们赚那么丰厚的利润？为什么不由制造商直接卖给用户呢？"戴尔知道，万国商用机器公司规定，经销商每月必须提取一定数额的个人电脑，而多数经销商都无法把货全部卖掉。他也知道，如果存货积压太多，经销商会损失很大。于是，他以很低的价格购得经销商的存货，然后在宿舍里加装配件，改进性能。这些经过改良的电脑十分受欢迎。戴尔见到市场的需求巨大，于是在当地刊登广告，以零售价的八五折推出他那些改装过的电脑。不久，许多商业机构、医疗机构和律师事务所都成了他的顾客。由于戴尔一边上学一边创业，父母一直担心他的学习成绩会受到影响，父亲劝他说："如果你想创业，等你获得学位之后再说吧。"

可是戴尔觉得如果听父亲的话，就是在放弃一个一生难遇的机会。于是，便坦白地告诉父母："我决定退学，自己开公司。""你的梦想到底是什么？"父亲问道。"和万国商用机器公司竞争。"戴尔说。"和万国商用机器公司竞争？"他的父母大吃一惊，觉得他太不自量力。但无论他们怎样劝说，戴尔始终不放弃自己的梦想。最终，他和父母达成了协议：他可以在暑假试办一家电脑公司，如果办得不成功，到9月就要回学校去读书。得到父母的允许后，戴尔拿出全部积蓄创办戴尔电脑公司，当时他19岁。

他以每月续约一次的方式租了一个小小的办事处，雇用了一名28岁的经理，负责处理财务和行政工作。在广告方面，他在一只空盒子底上画了戴尔电脑公司第一张广告的草图。朋友按草图重绘后拿到报社去刊登。戴尔仍然专门直销经他改装的万国商用机器公司的个人电脑。第一个月营业额便达到18万美元，第二个月265万美元，仅仅一年，便每月售出个人电脑1000台。积极推行直销、按客户要求装配电脑、提供退货还钱以及对失灵电脑"保证翌日登门修理"的服务举措，为戴尔公司赢得了广阔的市场。大学毕业的时候，迈克尔·戴尔的公司每年营业额已达7000万美元。后来，戴尔停止出售改装电脑，转为自行设计、生产和销售自己的电脑。如今，戴尔电脑公司在全球16个国家设有分公司，每年收入超过20亿美元，有雇员约5500名。戴尔个人的财产，在2.5亿到3亿美元。假如戴尔不是忠于梦想，并且基于梦想坚决行动的话，显然他是不可能成为当今世界最年轻的富豪的。

内心期待什么就能做成什么。我们都可以按照自己的渴望设计人生。如果你始终觉得自己的生活过于悲惨，渴望构建一个属于自己的人间天堂，那么你每天都告诉自己："我离天堂很近。"很快你就会觉得自己真的置身于幸福的天堂了。

我们读着弥尔顿的那句话："境由心生。"就会产生很大的感触，原来心中有天堂，我们就生活在天堂里，心中有地狱，我们就会在地狱中挣扎。我们的生活总是跟着内心变化的，内心期许什么，我们就能做成什么。既然是这样，我们为什么不往好的方面想，让那些不快乐的事情远离我们的生活，给予自己一片纯净而又快乐的天空呢？

生命的本质在于追求快乐

亚里士多德说过，生命的本质在于追求快乐，而使得生命快乐的途径有两条：第一，发现使你快乐的时光，增加它；第二，发现使你不快乐的时光，减少它。快乐的人不是没有黑暗和悲伤的时候，只是他们追寻快乐的状态不会被黑暗和悲伤遮盖罢了。

正如德国思想家席勒所说："只有当人是真正意义上的人时，他才游戏。只有当人游戏时，他才完全是人。"

由于人的价值观不同，所以人们对快乐的理解不同。有人以为吃鲍鱼、燕窝、鱼翅是莫大的幸福，有人却为每天吃鲍鱼、燕窝、鱼翅而痛苦；有人以为骑自行车上下班是一种卑微，有人却由于各种压力而不能享受这种轻松自然。

因此，快乐可以分为两类：自然快乐和强迫快乐。如果事情的发展顺遂人意，那么自然要享受快乐，不用刻意寻找快乐。如果事情的发展不尽如人意，而自己又不想承受挫折产生的心灵痛苦，就要想出一些办法，让自己快乐起来。这种快乐就称为强迫性快乐。如果能够在顺心如意的情况下快乐，又能够在背时厄运的情况下保持平和，我们的生活质量就会得到提高。

那么，在竞争激烈的社会中，我们又如何拥有阳光心态，做最快乐的自己呢？

第一，要树立多元化的成功思维模式。

在现代社会中，太多的人不由自主地陷入了一元化成功的陷阱和圈套中。他们在追逐世俗成功标准的过程中，为了达到所谓"成功人士"的要求，过度地追求名利、地位、虚荣和奢华，有时甚至不择手段，结果走进了"成功"的死胡同而不能自拔，越"成功"越烦恼，越"成功"越不快乐。坦途变成了坎坷，天堂变成了地狱。

其实，条条大路通罗马，成功的道路不止一条，成功的标准也不止一个。在竞争中脱颖而出是成功，有勇气不断超越自己、不断超越过去的人，同样是成功者。做最阳光的自己就要求我们抛弃一元化成功思维模式，树立多元化成功思维模式，完整、均衡、全面地理解和阐释成功的定义，在活出真实的自我中享受到阳光般的幸福和快乐。

第二，要能够做到操之在我，褒贬由人。

每个人都希望能够得到别人的认可与肯定，这是人的基本心理需求之一，但是，如果这种需求过分强烈，就会造成沉重的精神负担并最终导致心灵的扭曲。"除非我们能够得到别人的承认，否则我们就是默默无闻的，就是没有价值的。""我们的工作并不重要，得到别人的承认才重要。"这种观念越牢固，精神就越痛苦，越努力就越找不到快乐和幸福。

其实，在很多情况下，我们真的没有自己想象得那么重要。别人邀请你参加晚会或发言，有时只是出于礼貌，甚至希望你最好能知趣地谢绝，或者简单地应付一下即可。西方有句谚语："20 岁时，我们在意别人对我们的看法；40 岁时，我们不理会别人对我们的看法；60 岁时，我们发现别人根本就没有在意我们。"

因此，不必处处要求别人的认可，如果认可降临，你就坦然地接受它；如果它未能如期而至，你也不要过多地去想它。你的满足应该来自你的工作和生活本身，你的快乐是为你自己，而不是为别人。

第三，时刻审视"职业竞争不相信眼泪"的道理。

在崇尚效率和结果的今天，职业竞争是不相信眼泪的，一个人的成功速度取决于他对不良情绪的调整速度。在日新月异的竞争时代，我们没有时间为刚才发生的事情懊恼不已或追悔莫及，我们能做的就是让那些不愉快的事情如瞬间飘逝的烟云，用阳光迅速驱除消极的阴霾，让自己去享受工作的挑战、生活的美好和生命的过程。

活着，就是一种幸福

有位青年，厌倦了生活，感到一切只是无聊和痛苦。为寻求刺激，青年参加了挑战极限的活动。活动规则是：一个人待在山洞里，无光无火亦无粮，每天只供应 5 千克的水，时间为整整 5 个昼夜。

第一天，青年颇觉刺激。

第二天，饥饿、孤独、恐惧一齐袭来，四周漆黑一片，听不到任何声响。于是他有点向往平日里的无忧无虑。

他想起了乡下的老母亲不远千里赶来，只为送一坛韭菜花酱以及一双小孙子的虎头鞋；他想起了终日相伴的妻子在寒夜里为自己掖好被子；他想起了宝贝儿子为自己端的第一杯水；他甚至想起了与他发生争执的同事曾经给自己买过的一份工作餐……渐渐地，他后悔起平日里对生活的态度来：懒懒散散，敷衍了事，冷漠虚伪，无所作为。

到了第三天，他几乎要饿昏过去。可是一想到人世间的种种美好，便坚持了下来。第四天、第五天，他仍然在饥饿、孤独、极大的恐惧中反思过去，向往未来。

他责骂自己竟然忘记了母亲的生日；他遗憾妻子分娩之时未尽照料义务；他后悔听信流言与好友分道扬镳……他这才觉出需要他努力弥补的事情竟是那么多。可是，连他自己也不知道，他能不能挺过最后一关。此时，泪流满面的他发现：洞门开了。阳光照射进来，白云就在眼前，淡淡的花香，悦耳的鸟鸣——他又迎来了一个美好的人间。

青年扶着石壁慢慢走出山洞，脸上浮现出了一丝难得的笑容。5 天来，他一直用心在说一句话，那就是：活着，就是幸福。

放下死亡的包袱，敲开自己的心扉，积极地对待生活中的每一天，你才能好好地活着。

一位名人去世了，朋友们都来参加他的追悼会。昔日前呼后拥、香车宝马的名人躺在骨灰盒里，百万家财不再属于他，宽敞的楼房也不再属于他，他所拥有的只有一个骨灰盒大小的空间。

从名人的追悼会上回来，几乎每一个人都对生命有了新的看法。

追悼会是一次洗礼。从死亡的身边经过以后，才知道活着究竟是怎么回事。

一边是死亡的震撼，一边是活着的琐碎，我们很容易被死亡震撼，然而我们更容易被活着的琐碎淹没。不要去在意那些繁杂的纠葛、苦痛、伤害、低迷等，一切的一切仅仅是生活中小小的注脚而已。活着，即意味着追求幸福的资本和契机。活着就是幸福，让我们好好珍惜现在鲜活的生命。

活在当下，不透支生活的烦恼

有个小和尚，每天早上负责清扫寺院里的落叶。

清晨起床扫落叶实在是一件苦差事，尤其在秋冬之际，每一次起风时，树叶总随风飞舞。每天早上都需要花费许多时间才能扫完树叶，这让小和尚头痛不已，他一直想要找个好办法让自己轻松些。

后来有个和尚跟他说："你在明天打扫之前先用力摇树，把落叶统统摇下来，后天就可以不用扫落叶了。"

小和尚觉得这是个好办法，于是隔天他起了个大早，使劲猛摇树，这样他就可以把今天跟明天的落叶一次扫干净了。一整天小和尚都非常开心。

第二天，小和尚到院子里一看，不禁傻眼了，院子里如往日一样满地落叶。老和尚走了过来，对小和尚说："傻孩子，无论你今天怎么用力，明天的落叶还是会飘下来。"

小和尚终于明白了，世上有很多事是无法提前的，唯有认真地活在当下，才是最正确的人生态度。

库里希坡斯曾说："过去与未来并不是'存在'的东西，而是'存在过'和'可能存在'的东西。唯一'存在'的是现在。"

活在当下是一种全身心地投入人生的生活方式。当你活在当下，而没有过去拖在你后面，也没有未来拉着你往前时，你全部的能量都集中在这一时刻，生命因此具有一种巨大的张力。"当下"给你一个深深地潜入生命水中或是高高地飞进生命天空的机会。当然在两边都有危险——"过去"和"未来"是人类语言里最危险的两个词。

生活在过去和未来之间的当下就好像走在一条绳索上，在它的两边都有危险。但是一旦你尝到了"当下"这个片刻的甜蜜，你就不会去顾虑那些危险；一旦你跟生命保持同一步调，其他的就无关紧要了。对你而言，生命就是一切。

当生命走向尽头的时候，你问自己一个问题：你对这一生还存有遗憾吗？你认为想做的事你都做了吗？你有没有好好笑过、真正快乐过？

想想看，你这一生是怎么度过的：年轻的时候，你拼了命想挤进一流的大学；随后，你巴不得赶快毕业找一份好工作；接着，你迫不及待地结婚、生小孩；然后，你又整天盼望小孩快点长大，好减轻你的负担；后来，小孩长大了，你又恨不得赶快退休；最后，你真的退休了，不过，你也老得几乎连路都走不动了……当你正想停下来好好喘口气的时候，生命也快要结束了。

其实，这不就是大多数人的写照吗？他们劳碌了一生，时时刻刻为生命担忧，为未来做准备，一心一意计划着以后发生的事，却忘了把眼光放在"现在"，等到时间一分一秒地溜过，才恍然大悟。

智者常劝世人要"活在当下"，到底什么叫作"当下"？简单地说，"当下"指的就是：你现在正在做的事、待的地方、周围一起工作和生活的人。"活在当下"就是要你把关注的焦点集中在这些人、事、物上面，认真地去接纳、品尝、投入和体验这一切。

而事实上，大多数的人都无法专注于"现在"，他们总是若有所想，心不在焉，想着明天、明年甚至下半辈子的事。假若你时时刻刻都将力气耗费在未知的未来，却对眼前的一切视若无睹，你永远也不会得到快乐。

一位作家这样说过："当你存心去找快乐的时候，往往找不到，唯有让自己活在'现在'，全神贯注于周围的事物，快乐才会不请自来。"或许人生的意义，不过是嗅嗅身旁绚丽的花，享受一路走来的点点滴滴而已。毕竟，昨日已成历史，明日尚不可知，只有"现在"才是上天赐予我们最好的礼物。

许多人喜欢预支明天的烦恼，想要早一步将它解决掉。其实，明天如果有烦恼，你今天是无法解决的，每一天都有每一天的人生功课要交，努力做好今天的功课再说吧！用平常心对待每一天，用感恩的心对待当下的生活，我们才能理解生活和快乐的真正含义。

看淡得失，也就减少了痛苦

人生之中，难免会经历这样或那样的波折。面对生活中的痛苦，如果一味沉浸在对命运的抱怨中，那么我们看到的只能是漫无天际的悲观和失望，可是如果保持一颗豁达的心，即使是在人生的风雪里，也只会把它当成一种风景来观赏。

面对生活中的磨难，如果不能一颗豁达的心面对，那么我们只能一直生活在痛苦当中。

在生活中，很多人都不能放下心中的痛苦，他们觉得是命运的亏待，让他们感受到了别人品尝不到的痛苦。所以，他们愤恨，他们抱怨，甚至还会想到要报复。

可是，即便是我们把不快都发泄给了另一个人，我们仍然没有办法减轻心中的痛苦，因为我们不曾放下。所以，与其将别人卷入痛苦之中，不如我们自己释怀，看淡得失，也就看淡了人生的风景。

永远保持一颗年轻的心

在这个世界上，儿童可以说是最懂得享受幸福的专家了，而那些能够保有一颗赤子之心的人，才是最懂得幸福的人。能保持年轻人特有的幸福精神与要旨是相当难得而宝贵的。因此，若要永远保有幸福，我们绝对不可让自己的精神变得衰老、迟钝或疲倦，不可以失去纯真。

有位老师曾问她的学生："你幸福吗？"

"是的，我很幸福。"学生回答。

"经常都是幸福的吗？"老师再问道。

"对，我经常都是幸福的。"

"是什么使你感觉幸福呢？"老师继续问道。

"是什么我并不知道。但是，我真的很幸福。"

"一定是有什么事物才使得你幸福的吧？"老师继续追问着。

"是啊！我告诉你吧！我的伙伴们使我幸福，我喜欢他们。学校使我幸福，我喜欢上学，喜欢我的老师。还有，我喜欢上教堂，也喜欢上主日学校和其中的老师们。我爱姐姐和弟弟。我也爱爸爸和妈妈，因为爸妈在我生病时关心我。爸妈是爱我的，而且对我很好。"

老师认为在她的回答中，一切都已齐备了——和她玩耍的朋友（这是她的伙伴）、学校（这是她读书的地方）、教会和她的主日学校（这是她做礼拜之处）、姐弟和父母（这是她以爱为中心的家庭生活圈）。这是具有极单纯形态的幸福，而人们最高的生活幸福亦莫不与这些因素息息相关。

老师又向一群少男、少女提出过相同的问题，并且请他们把自认为"最幸福的是什么"一一写下来。他们的回答益发令人觉得感动。少男们的回答是这样的：

"有一只雁子在飞，把头探入水中，而水是清澈的；因船身前行而分拨开来的水流；跑得飞快的列车；吊起重物的工程起重机；小狗的眼睛；好玩的玩具……"

以下则是少女们对于"什么东西使她们幸福"的回答：

"倒映在河上的街灯，从树叶间隙能够看得到红色的屋顶，烟囱中冉冉升起的烟，红色的天鹅绒，从云间透出光亮的月亮……"

虽然这些答案中并没有充分表现出完整性，但无疑却存有某些美的精华。想要成为幸福的人，重要的秘诀便是：拥有清澈的心灵，可以在平凡中窥见浪漫的眼神，以及一颗赤子之心。

在这个世界上，你一定要永远保持一颗赤子之心，这样就会少一些烦躁和浮华，多一分稳重和扎实。成功多半属于后者，只要你能坚守年轻，成功就不会离你太远。

超越人生的痛苦

如果我们能理智地对待很多境界和环境，就都可以找到它们的平衡点。人们经常会有这样的忠告：不要害怕失败和逆境。

多年来，人们一直以为，害怕失败和逆境始终是人类最大的弱点之一。

李斯特曾说过："失败曾是我最大的动力来源。就像想到破产一样，我就会心生警惕，告诉自己要尽力让业绩蒸蒸日上。"

他的这番话给我们很大的启示。所以，我们要修正自己的观念。其实，害怕失败和逆境并没有错，但如果是一再地想象失败，就对人生太没益处了。作为一个想要成功的人，必须超越失败，超越人生的痛苦。

一位老人在晚年罹患了关节炎，苦不堪言。后来病情加剧，以致行走都很困难，从此拐杖和轮椅便和她形影不离。即使如此，她还是用积极的态度看待周围所有的事物。

她的房间总是满载着笑声，而访客还是如旧时一般络绎不绝。

有时候，她想在床上多躺一会儿，于是，她的孙子们——4个不到10岁的小男孩就到她房里去围在床边。这时，她会说故事给其中一个听，与另一个玩儿扑克牌，再和一个玩儿游戏，同时，哄另一个睡觉。

最令人钦佩的是，她从不将自身的痛苦或烦扰变成家人的负担。到后来，病情变得更加糟糕，但她总是说："这把老骨头今天总算有点起色了。"

她积极又乐观的态度，就好像磁铁，吸引了所有的人，让人不由自主地在她身旁流连。这位老人的内心一定承受着巨大的痛苦，但她什么也不说，将痛苦压在身下，以笑脸面对生活，生活也给她以最大的馈赠。

超越人生痛苦是人生的快乐秘籍，在使你的生活充满欢乐的同时，还能帮你造就卓越的成就。所以，若想成功，就得具备这种态度。

失败、挫折甚至苦难都会不停地侵蚀一个人的心灵，痛苦可想而知，但一个人不能永远只把目光停留在痛苦之上。一个眼中只有痛苦的人，不会有什么出息，一个人若想在有生之年有所作为，必须超越人生的痛苦，站在更高的台阶上俯视一切，这样才能找准方向，一往直前。

第三章

与其抱怨别人，不如修正自己

抱怨生活之前，先认清你自己

我们会抱怨生活，因为它没有把我们的一切都安排得很好，没能让我们在不经过努力就获得自己想要的东西；我们抱怨工作，因为它总是不能给我们带来财富，尽管我们已经尽力了，可是薪水还是那么一点点；我们抱怨家长，因为他们没能给我们很好的生活环境，没能让我们像富家子弟那样生活；我们抱怨朋友，因为他们总是只想着自己，完全不顾及我们的感受；我们抱怨……这样一直抱怨下去，我们突然发现，身边的一切事情都让我们看不顺眼，一切都不能尽如我们的意愿。可是，怎么办呢？问题到底出在哪里？

一个女孩对父亲抱怨她的生活，抱怨事事都那么艰难，她不知该如何应付生活，想要自暴自弃了。她已厌倦抗争和奋斗，好像一个问题刚解决，新的问题就又出现了。

女孩的父亲是位厨师，他把她带进厨房。

他先往三只锅里倒入一些水，然后把它们放在旺火上烧。不久锅里的水烧开了。他往一只锅里放些胡萝卜，第二只锅里放入鸡蛋，最后一只锅里放入磨碎的咖啡豆。他将它们浸入开水中煮，一句话也没说。

女孩咂咂嘴，不耐烦地等待着，纳闷父亲在做什么。大约20分钟后，他把火闭了，把胡萝卜捞出来放入一个碗内，把鸡蛋捞出来放入另一个碗内，然后又把咖啡舀到一个杯子里。做完这些后，他才转过身问女儿："亲爱的，你看见什么了？"

"胡萝卜、鸡蛋、咖啡。"她回答。

他让她靠近些，并让她用手摸摸胡萝卜。她摸了摸，注意到它们变软了。

父亲又让女儿拿一只鸡蛋并打破它。将壳剥掉后，她看到了是只煮熟的鸡蛋。

最后，父亲让她啜饮咖啡。品尝到香浓的咖啡，女儿笑了。她问道："父亲，这意味着什么？"

父亲解释说，这三样东西面临同样的逆境——煮沸的开水，但其反应各不相同。

胡萝卜入锅之前是强壮的、结实的，但进入开水后，它变软了、变弱了。

鸡蛋原来是易碎的。它薄薄的外壳保护着它呈液体的内脏，但是经开水一煮，它的内脏变硬了。而粉状咖啡豆则很独特，进入沸水后，它们改变了水。

父亲的教导方法是高明的。他把生活比作了一杯水，而拿不同的物体比喻成我们。如果我们如胡萝卜一般，只能任由环境的改变，那么我们就是被动的；而当我们是粉状咖啡豆的时候，尽管在杯子里已经找不到了我们的影子，却能因为我们的变化而改变了人生的大环境。

所以说，当你开始抱怨生活的时候，先要认清楚自己，看你是容易被生活改变，还是你可以去改变生活。

如果你被生活改变了，那么就不要责怪生活，而要怪你自己的不坚定，容易随波逐流。而当你确定你能够改变生活的时候，就应该放下抱怨，拿出勇气，因为生活的味道完全是你可以设计和改变的。

问题的 98% 是自己造成的

人类有着一个共同的特点，就是总将问题归结到别人的身上，认为别人是问题的制造者，而自己只是一个无辜的受害者。殊不知，问题的 98% 都是自己造成的，如果自己身上没有问题或在自己的环节将问题彻底解决，便不会出现一发不可收拾的局面了。

一本杂志曾刊登过这样一个故事：

当巴西海顺远洋运输公司派出的救援船到达出事地点时，"环大西洋"号海轮已经消失了，21 名船员不见了，海面上只有一个救生电台有节奏地发着求救的信号。救援人员看着平静的大海发呆，谁也想不明白在这个海况极好的地方到底发生了什么，从而导致这条最先进的船沉没。

这时有人发现电台下面绑着一个密封的瓶子，打开瓶子，里面有一张字条，21种笔迹，上面这样写着：

一水汤姆："3月21日，我在奥克兰港私自买了一个台灯，想给妻子写信时照明用。"

二副瑟曼："我看见汤姆拿着台灯回船，说了句'这小台灯底座轻，船晃时别让它倒下来'，但没有干涉。"

三副帕蒂："3月21日下午船离港，我发现救生筏施放器有问题，就将救生筏绑在架子上。"

二水戴维斯："离岗检查时，发现水手区的闭门器损坏，用铁丝将门绑牢。"

二管轮安特尔："我检查消防设施时，发现水手区的消火栓锈蚀，心想还有几天就到码头了，到时候再换。"

船长麦特："起航时，工作繁忙，没有看甲板部和轮机部的安全检查报告。"

机匠丹尼尔："3月23日上午理查德和苏勒的房间消防探头连续报警。我和瓦尔特进去后，未发现火苗，判定探头误报警，拆掉交给惠特曼，要求换新的。"

机匠瓦尔特："我就是瓦尔特。"

大管轮惠特曼："我说正忙着，等一会儿拿给你们。"

服务生斯科尼：3月23日13点到理查德房间找他，他不在，坐了一会儿，随手开了他的台灯。

大副克姆普："3月23日13点半，带苏勒和罗伯特进行安全巡视，没有进理查德和苏勒的房间，说了句'你们的房间自己进去看看'。"

一水苏勒："我笑了笑，也没有进房间，跟在克姆普后面。"

一水罗伯特："我也没有进房间，跟在苏勒后面。"

机电长科恩："3月23日14点，我发现跳闸了，因为这是以前也出现过的现象，没多想，就将闸合上，没有查明原因。"

三管轮马辛："感到空气不好，先打电话到厨房，证明没有问题后，又让机舱打开通风阀。"

大厨史若："我接马辛电话时，开玩笑说，我们在这里有什么问题？你还不来帮我们做饭？然后问乌苏拉：'我们这里都安全吗？'"

二厨乌苏拉："我也感觉空气不好，但觉得我们这里很安全，就继续做饭。"

机匠努波："我接到马辛电话后，打开通风阀。"

管事戴思蒙："14点半，我召集所有不在岗位的人到厨房帮忙做饭，晚上会餐。"

医生英里斯："我没有巡诊。"

电工荷尔因："晚上我值班时跑进了餐厅。"

最后是船长麦特写的话："19点半发现火灾时，汤姆和苏勒房间已经烧穿，一切糟糕透了，我们没有办法控制火情，而且火越烧越大，直到整条船上都是火。我们每个人都犯了一点错误，最终酿成了船毁人亡的大错。"

看完这张绝笔字条，救援人员谁也没说话，海面上死一样的寂静，大家仿佛清晰地看到了整个事故的过程。

船长麦特的最后一句话是最值得我们深思的："我们每个人都犯了一点错误，最终酿成了人毁船亡的大错。"

问题出现时，不要再找借口了，因为你自己才是问题的真正根源，问题的 98% 都是自己造成的，"环大西洋"号的覆灭不正说明了这一点吗？

失败者的借口通常是"我没有机会"。

他们将失败的理由归结为不被人垂青，好职位总是让他人捷足先登，殊不知，其失败的真正原因恰恰在于自己不够勤奋，没有好好把握得之不易的机会。而那些意志坚强的人则绝不会找这样的借口，他们不等待机会，也不向亲友们哀求，而是靠自己的勤奋努力去创造机会，因为他们深知，很多困境其实是自己造成的，唯有自己才能拯救自己。

问题面前最需要改变的是自己

英国伦敦泰晤士河南岸有座西敏寺，安葬于此的一位英国主教的墓志铭十分特别。墓碑上写着这样一段话："我年少时，意气风发，当时曾梦想要改变世界。但当我年事渐长，发觉自己根本无力改变世界，于是决定改变自己的国家。但这个目标我还是无法实现。步入中年之后，我试着改变自己身边的最亲密的人，但是，他们根本不接受改变！当我垂垂老矣，终于顿悟了一件事，我应该改变自己，以身作则影响家人。若我能为家人做榜样，也许下一步能改善我的国家，再接下来，谁又知道呢，也许我连整个世界都可以改变！"

我们也许都曾有过类似的困惑，费尽一切力气要改变别人，甚至要改变世界，让世界来顺应自己的喜好，然而，这是不现实且是最徒劳的。

我们常常意识不到自身的问题，总想着"换个环境吧，换个环境就会好了"，可是，这并不是问题的关键。

一只乌鸦打算飞往南方，途中遇到一只鸽子，一起停在树上休息。鸽子问乌鸦："你这么辛苦，要飞到哪里去？为什么要离开呢？"乌鸦愤愤不平地说："其实，我也不想离开，可是那里的人都不喜欢我的叫声。所以，我想飞到别的地方去。"鸽子好心地说："别白费力气了。如果你不改变自己的声音，飞到哪儿都不会受欢迎的。"

环境的变化，虽然对一个人的命运有一定的影响，但是，任何一个环境都有可供发展的机遇，紧紧抓住这些机遇，好好利用这些机遇，不断随环境的变化调整自己的观念，就有可能在社会竞争的舞台上开辟出一片新天地，站稳脚跟，这就需要我们自己作出妥协，进行改变。有时，你会发现，你发生了变化，一切都变得美好起来。

推销员戴尔做了一年半的业务，看到许多比他后进公司的人都晋升了职位，而且薪水也比他高许多，他百思不得其解。想想自己来了这么长时间了，客户也没少联系，可就是没有大的订单让他在业务上有所起色。

有一天，戴尔像往常一样下班就打开电视若无其事地看起来，突然有一个名为"如何使生命增值"的专家访谈引起了他的关注。

心理学专家回答记者说："我们无法控制生命的长度，但我们完全可以把握生命的深度！其实每个人都拥有超出自己想象十倍以上的力量。要使生命增值，唯一的方法就是在职业领域中努力地追求卓越！"

戴尔听完这段话后，决定从此刻做出改变。他立即关掉电视，拿出纸和笔，严格地制订了半年内的工作计划，并落实到每一天的工作中……

两个月后，戴尔的业绩明显大增，9个月后，他已为公司赚取了丰厚的利润，年底他自然当上了公司的销售总监。

如今戴尔已拥有了自己的公司。他每次培训员工时，都不忘说："我相信你们会一天比一天更优秀，只要你决心作出改变！"于是员工信心倍增，公司的利润也飞速增长。

"我们这一代最伟大的发现是，人类可以由改变自己而改变命运。"戴尔用自己的行动印证了这句话，那就是：有些时候，面对一些棘手的问题，应该迫切改变的或许不是环境，而是我们自己。换句话说：有些时候，我们不是找不到方法去解决问题，而是在问题面前，我们没有真正地做出努力。在完善自己的同时，我们也就找到了解决问题的方法。

环境的变化虽然对一个人的命运有直接影响，但是，任何一个环境，都有可供发展的机会，紧紧抓住这些机会，好好利用这些机会，不断随环境的变化调整自己的观念，就有可能在社会竞争的舞台上开辟出一片新天地，站稳脚跟。所以，每个人在经营的过程中，必须有中途应变的准备，这是市场环境下的生存之本，也是强者的生存之本。

问题面前最需要改变的是我们自己，面对环境的发展变化，我们要及时改变自己的观点和思路，及时改变自己的生存方式，只有这样，才有可能最终走向成功。

你对了，整个世界都对了

对于某一件事情的失败，或者是某一次挫折，绝大部分人都有充分的理由相信，那不是自己的问题。

当然，有的人也相信自己确实存在不足，但那是次要的，重要的是，没有人给自己提供足以成功的条件、没有足够好的环境、没有足够多的支持……

一般人在生活不如意时，常常不知追根究底，找出自己真正的问题所在，而是期待环境或者他人能根据自己的意愿而改变——即让外在的因素改变到对自己有利的方面上来。一旦对外界或对别人的期望值落空，失望与无助便涌上心头，自己的情绪就会变得十分低落，进而产生抱怨，而这种抱怨显然是一种无益于生活中的个人宣泄。

其实，他们没有认识到问题的本质：他们自己才是问题的根源。

休斯·查姆斯在担任销售经理期间，曾遇到过这样的情况：在外头负责推销的销售人员销售量开始急剧下跌。

首先，他请手下最佳的几位销售员站起来，要他们说明销售量为何会下跌。每个人都开始抱怨商业不景气，资金缺少，人们的购买力下降，等等。

听到他们描述的种种困难情况时，查姆斯先生说道："停止，我命令大会暂停 10 分钟，让我把我的皮鞋擦亮。"

然后，他命令坐在附近的一名小工友把他的擦鞋工具箱拿来，并要求这名工友把他的皮鞋擦亮。在场的销售员都吓呆了。那位小工友先擦亮他的第一只鞋子，然后又擦另一只鞋子，表现出一流的擦鞋技巧。

皮鞋擦亮之后，查姆斯先生给了小工友一毛钱，然后说道：

"我希望你们每个人好好看看这个小工友。他拥有在我们整个工厂及办公室内擦鞋的特权。

"他的前任男孩，年纪比他大得多，尽管公司每周补贴他 5 元的薪水，而且工厂里有数千名员工，但他仍然无法从这个公司赚取足以维持他的生活的费用。

"这位小男孩不仅可以赚到维持生活的费用，每周还可以存下一点儿钱来，而他和他的前任的工作环境完全相同，也在同一家工厂内，工作的对象也完全相同。

"现在我问你们一个问题，那个前任男孩拉不到更多的生意，是谁的错？是他的错还是他顾客的错？"

那些推销员回答说："当然了，是那个男孩的错。"

"正是如此。"查姆斯说，"现在我要告诉你们，你们现在推销收银机和一年前的情况完全相同：同样的地区、同样的对象以及同样的商业条件。但是，你们的销售成绩却比不上一年前。这是谁的错？是你们的错，还是顾客的错？"

推销员们异口同声地回答：

"是我们的错！"

结果，可想而知：他们成功了。

你要明白，所有问题，其根源都在于你自己。想要成功，先评估自己的能力，然后分析一下为什么自己的能力无法施展，是没有恰当的机遇还是环境的限制？

不要抱怨问题，不要回避困难。任何一件事情，无论它有多么的艰难，只要你认真地全力以赴去做，就能化难为易。与其抱怨外界的环境，不如冷静下来看看问题是否出在自己身上。

是改变你的世界，还是世界改变你？年轻人经常谈到这个问题。如果你想改变你的世界，首先就应该改变你自己。

修正自己才能提高能力

上帝问人，世界上什么事最难。人说挣钱最难，上帝摇头。人说哥德巴赫猜想，上帝又摇头。又说我放弃，你告诉我吧。上帝神秘地说是认识自己并且修正自己的弱点。的确，那些富于思想的哲学家也都这么说。

发现自己的弱点并克服它确实很难。理由繁多，因人而异，但是所有理由都源于两点：害怕发现弱点，害怕修正自己。

就像一个不规则的木桶一样，任何一个区域都有"最短的木板"，它有可能是某个人，或是某个行业，或是某件事情。聪明的人应该把它迅速找出来，并抓紧做长补齐，否则它带给你的损失可能是毁灭性的。很多时候，往往就是因为一个环节出了问题而毁了所有的努力。

对于个人来说，下面的弱点是人们最有可能出现的短板。

1. 恶习

毫无疑问，不良的习惯可以说是每个人最大的缺陷之一，因为习惯会透过一再的重复，由细线变成粗线，再变成绳索，再经过强化重复的动作，绳索又变成链子，最后，定型成了不可迁移的不良个性。

人们在分分秒秒中无意识地培养习惯，这是人的天性。因此，让我们仔细回顾一下，我们平时都培养了什么习惯？因为有可能这些习惯使我们臣服，拖我们的后腿。

诸如懒散、看连续剧、嗜酒如命以及其他各式各样的习惯，有时要浪费我们大量的时间，而这些无聊的习惯占用的时间越多，留给我们自己可利用的时间就越少。

这时的不良习惯就像寄生在我们身上的病毒，慢慢地吞噬着我们的精力与生命，这时的习惯就成了一个人最大的缺陷，成了阻碍个人成功的主要因素。

所以，习惯有时是很可怕的，习惯对人类的影响，远远超过大多数人的理解，人类的行为 95% 是透过习惯作出的。事实上，成功者与失败者之间唯一的差别在于他们拥有不一样的习惯。一个人的坏习惯越多，离成功就越远。

2. 犯错

通常人们都不把犯错误看成一种缺陷，甚至把"失败是成功之母"当成自己的至理名言。

如果一个人在同一个问题上接连不断地犯错误，比如健忘，这是任何一个成功人士都不能容忍的。一个不会在失败中吸取教训的人是不配把"失败是成功之母"挂在嘴边的。

不管是否具备吸取教训的意识还是能力，它都是一个人获取成功道路上的致命缺陷。

这有一些人不管是在学习还是在工作中，犯错误的频率总是比一般人高。他们做事情总是马虎大意、毛毛糙糙。

对他们而言，把一件事做错比把一件事做对容易得多，而且每当出现错误时，他们通常的反应都只是："真是的，又错了，真是倒霉啊！"

把犯错归结为坏运气是他们一向的态度，或许他们没有责任心，做事不够仔细认真，或许他们没有找到做事的正确方式，但无论出于哪一点，如果他们没有改正错误，这都将给他们的成功带来巨大的障碍。

3. 马虎

一位伟人曾经说过："轻率和疏忽所造成的祸患将超乎人们的想象。"许多人之所以失败，往往因为他们马虎大意、鲁莽轻率。

在宾夕法尼亚州的一个小镇上，曾经因为筑堤工程质量要求不严格，石基建设和设计不符，结果导致许多居民死于非命——堤岸溃决，全镇都被淹没。建筑时小小的误差，可以使整幢建筑物倒塌；不经意抛在地上的烟蒂，可以使整幢房屋甚至整个村庄化为灰烬。

鉴于我们这些可知的和未可知的缺点，我们一定要学会修正自己，这本身就是一种能力。

4. 不谨言慎行

自己的谨慎言行对于成功是必要的，人们的语言有时比匕首还厉害。一则法国谚语说，语言的伤害比刺刀的伤害更可怕。那些溜到嘴边的刺人的反驳，如果说出来，可能会使对方伤心痛肺。

孔子认为："君子欲讷于言而敏于行。"即君子做人，总是行动在人之前，语言在人之后。克制自己，懂言慎行是做事最基本的功夫。

法国哲学家罗西法古说："如果你要得到仇人，就表现得比你的朋友优越；如果你要得到朋友，就要让你的朋友表现得比你优越。"

而在这个世界上，那些谦虚豁达能够克制自己的人总能赢得更多的知己，那些妄自尊大、小看别人、高看自己的人总是令别人反感，最终在交往中使自己到处碰壁。

所以无论在什么情况下我们都要学会克制自己、修正自己。只有这样，我们才能够提高自己的能力，才能修复我们生活中的一切"短板"，才会受到别人的欢迎，才能做好我们要做的事。

改变态度，你就可能成为强者

有这样一个故事：

一天，一只老虎躺在树下睡大觉。一只小老鼠从树洞里爬出来时，不小心碰到了老虎的爪子，把它惊醒了。

老虎非常生气，张开大嘴就要吃它，小老鼠吓得簌簌发抖，哀求道："求求你，老虎先生，别吃我，请放过我这一次吧！日后我一定会报答你的。"

老虎不屑地说："你一只小小的老鼠怎么可能帮得了我呢？"但它最后还是把老鼠放走了，因为它觉得一只小小的老鼠还不够自己塞牙缝的。

不久，这只老虎出去觅食时被猎人设置的网罩住了。它用力挣扎，使出浑身力气，但网太结实了，越挣扎绑得越紧。于是它大声吼叫，小老鼠听到了它的吼声，就赶紧跑了过去。

"别动，尊敬的老虎，让我来帮你，我会帮你把网咬开的。"

小老鼠用它尖锐的牙齿咬断了网上的绳结，老虎终于从网里逃脱出来。

"上次你还嘲笑我呢，"老鼠说，"你觉得我太弱小了，没法报答你。你看，现在不正是一只弱小的小老鼠救了大老虎的性命吗？"

读完这个故事，我们不难想到，在这个世界上，从来就没有谁注定就是强者，也没有谁注定就是弱者。强大如老虎，在猎人的陷阴里，它就变成了弱者；弱小如老鼠，在结实的网绳前，拥有锋利牙齿的它就变成了强者。

你或许自以为是弱者：貌不惊艳，技不如人，出身贫寒，资质平平，在人才辈出的社会里就像"多一个不多，少一个不少"的那个人。如果你这么想，你就错了，甚至连上文所述的那个自信满怀的老鼠都不如。

我们每一个人，特别是妄自菲薄的人，切不可把强者的标准定得太高，而对自身的长处视而不见。

你不要死盯着自己学习不好、没钱、不漂亮等不足的一面，你还应看到自己身体健康、会唱歌、文章写得好等不被外人和自己留意或发现的强项。

事实上，你不是个天生的弱者，每个人都有自己的长处和短处，你为什么只看到自己不足，而没有看到自己的闪光之处呢？

纤细孱弱的小草，自然无法与伟岸挺拔的劲松相提并论。然而，春寒料峭中，是小草那片淡淡的嫩绿，让大地展现出勃勃的生机。

潺潺而流的溪水，当然不能与奔腾浩渺的江河同日而语。然而，深山河谷中，是小溪那份执着的奔流，让大地充满了无限的活力。

小草不因其柔弱而萎缩，小草自有一种信念；小溪不因其涓细而却步，小溪自有一种自信……你，同样不是弱者，只要你认识自己的力量，爆发自己的热能，你就是生活的强者。

只要在认识自己中不断创造自己，不断完善自己，又何必要那么多的惆怅、自卑和叹息。

仰起你自信的脸庞，即使你现在还是小草、小溪、小鸟、小舟，甚至阴暗角落里那粒不为人所知的尘埃，总有一天，你可以成为万众瞩目的强者。

第四章

积极的人生，行动远胜于抱怨

等待永远是美好的最大敌人

任何人都是一样，年轻时需要积累，年老时才来享受，年轻时正是积累自身实力的时期，年老力衰的时候才能靠着智慧经验或者年轻时储蓄的财富过日子，否则年纪大了再来吃苦，就是"自造孽"，看看那些下岗女工再就业，看看中老年离婚的妇女，你是否能从中得到一些危机的启示？

1904年，正当年轻的爱因斯坦潜心于研究的时候，他的儿子出生了。于是，在家里，他常常左手抱儿子，右手做运算。在街上，他也是一边推着婴儿车，一边思考着他的研究课题。妻儿熟睡了，他还到屋外点灯写论文。爱因斯坦就是这样抓住每一个"今天"，通过日积月累，一年中完成了四篇重要的论文，引领了物理学领域的一场革命。

"明日复明日，明日何其多。我生待明日，万事成蹉跎。"要想不荒废岁月，干出一番事业，就要克服拖拉，珍视今天。

有个创意家，一直给人悠闲无事的感觉，但收入却不少。记者问他是怎么做到的，他说："做时间的主人，别让时间做你的主人。"

这话听起来有些玄妙，意思是说，你可以决定什么时间做什么事，而不是让时间来决定你应该做什么事。

时间对他而言只是桥梁，通过它，可以找到更合适的生活，而不仅仅是谋取财富。在他看来，时间还有更重要的使命："有时间的人是活人，没有时间的人是死人。"

宋国大夫戴盈之曾对孟子说："现在的税负太重了，很想按照以前的井田制度，只征收十分之一的税，但是目前执行起来有困难，只能暂时减一点，明年再看着办，你以为如何？"孟子不置可否，只举了个例子："有一个小偷，每天都偷邻居的鸡，别人警告他，再偷就将他送官，他哀求说，从今天开始，我每个月少偷一只，明年就洗手不干了，可以吗？"

等待永远是美好的最大敌人，拖拉者的一个悲剧是，一方面梦想仙境中的玫瑰园出现，另一方面又忽略窗外盛开的玫瑰。昨天已成为历史，明天仅是幻想，现实的玫瑰就是"今天"。拖拉所浪费的正是这宝贵的"今天"。

钟表王国瑞士有一座温特图尔钟表博物馆。在博物馆里的一些古钟上，都刻着这样一句话："如果你跟得上时间的步伐，你就不会默默无闻。"这句富有哲理的话，一定早已铭刻在许多成功者的心灵深处了。

所以，成功者从来都不希望坐在那里等待，而是积极地投入行动之中，为了理想而努力，为了事业而拼搏。尽管道路中会经历风雨，可是等到他们品尝到了成功的甘甜的时候，他们就会感谢曾经的行动，因为正是行动成就了他们的明天。

抱怨失败不如用行动接近成功

很多人以为只要拥有一部成功的宝典，就可以一夜之间功成名就，这显然是极其错误的。对此，卡耐基一再告诫我们：

一张地图，不论它多么详细，比例尺多么精密，绝不能够带它的主人在地面上移动一寸。一本羊皮纸的法典，不论它有多么公正，也绝不能够预防罪行。一个卷轴，绝不会赚一分钱或制造一个赚钱的字。只有行动，才是导火线，才能够点燃地图、羊皮纸、卷轴的价值。行动，才是滋润成功的食物和水，因此我们必须铭记"行动"这个成功准则，绝不拖延和犹豫。

我们不逃避今天的责任而等到明天去做，因为"明日复明日，明日何其多"。让我们现在就采取行动吧，即使行动不会为我们马上换回财富，但是，动而失败总比坐而待毙好。即使财富可能不是行动所摘下来的那个果子，但是，没有行动，任何果子都会在藤上烂掉。从今以后，我们要一遍又一遍、每一小时、每一天重复这句话，而跟在它后面的行动，要像我们眨眼睛那种本能一样迅速。有了这句话，我们就能够振作我们的精神，实现使我们成功的每一个行动。有了这句话，我们就能够振作我们的精神，迎接失败者躲避的每一次挑战。

我们要一次又一次地重复这句话。

当我们醒来，而失败者还要多睡一个小时的时候，我们要说这句话，接着从床上跳下来。

当我们走进市场，而失败者还在考虑是否会遭到拒绝的时候，我们要说这句话，并立刻面对我们第一个可能的顾客。

当我们遇到人家闭着门，而失败者带着惧怕和惶恐的心情在门外徘徊的时候，我们要说这句话，并随即敲门。

当我们面临诱惑的时候，我们要说这句话，抄大路行动，离开邪恶。

当我们想停下来明天再做的时候，我们要说这句话，并立刻行动。

只有行动才能决定我们在市场上的价值，要想扩大我们的价值，就要加强我们的行动。我们要走到失败者怕走的地方去。

当失败者想休息的时候，我们要工作。

当失败者仍在沉默的时候，我们要说话。

当失败者说太迟的时候，我们要说已经做好了。

我们只想着现在，明日是为懒人保留的工作日，而我们并不懒惰。明日是使邪恶变好的日子，而我们并不邪恶。明日是衰弱变强壮的日子，而我们并不衰弱。明日是失败者要成功的日子，而我们并不是一个失败者。

狮子饥饿的时候会吃，苍鹰口渴的时候会喝，如果它们不采取行动的话，两者都会灭亡。我们要饱食成功与富裕，我们渴望幸福和心灵的宁静。如果我们不采取行动，我们就会在失败、贫困和彻夜失眠的生活中灭亡。

成功不会等待，财富也不会从地下冒出来，如果我们犹豫不决，它就会永远弃我们而去。

清理抱怨，清理行动障碍

如果你有了理想，就一定要行动。尽管在尝试的过程中可能会遇到障碍，但是请不要抱怨不曾得到上苍的偏爱，而是要努力坚持，继续追求梦想，这样，你才有机会获得成功。

史泰龙的父亲是一个赌徒，母亲是一个酒鬼。父亲赌输了，又打老婆又打他；母亲喝醉了也拿他出气发泄。他下定决心，要走一条与父母迥然不同的路，活出个人样来。他想到了当演员——不需要文凭，更不需要本钱，而一旦成功，却可以名利双收。但是他显然不具备演员的条件，长相就很难使人有信心，又没有接受过任何专业训练，没有经验，也无"天赋"的迹象。然而，"一定要成功"的驱动力促使他认为，这是他今生今世唯一出头的机会。在成功之前，决不能放弃！于是，他来到好莱坞，找明星、找导演、找制片……找一切可能使他成为演员的人，四处哀求："给我一次机会吧，我要当演员，我一定能成功！"

他一次又一次被拒绝了，但他并不气馁，他知道，失败定有原因。每次被拒绝之后，他就把它当作一次学习。一定要成功，痴心不改，又去找人……不幸得很，两年一晃过去了，钱花光了，他便在好莱坞打工，做些粗重的零活儿。两年来他遭受到1000多次拒绝。

他想出了一个"迂回前进"的思路：先写剧本，待剧本被导演看中后，再要求当演员。一年后，剧本写出来了，他又拿去遍访各位导演："这个剧本怎么样，让我当男主角吧！"人们认为他的剧本挺好，但要让他当男主角是不可能的。他再一次被拒绝了。

"我一定要成功，也许下一次就行，再下一次……"

在他一共遭到1300多次拒绝后的一天，一个曾拒绝过他20多次的导演对他说："我不知道你是否能演好，但至少你的精神令我感动。我可以给你一次机会，但我要把你的剧本改成电视连续剧，同时，先只拍一集，就让你当男主角，看看效果再说。如果效果不好，你便从此断绝这个念头吧！"

第一集电视剧创下了当时全美最高收视纪录。从此，史泰龙也成了国际知名影星。

史泰龙的健身教练哥伦布医生曾这样评价他：

"史泰龙每做一件事都百分之百投入。他的意志、恒心与持久力都是令人惊叹的。他是一个行动家，他从来不呆坐着让事情发生——他主动地令事情发生。"

富兰克林说："把握今日等于拥有两倍的明日。"将今天该做的事拖延到明天，而即使到了明天也无法做好的人，占了大约一半以上。今日事，今日毕，才能成就大事。

歌德说："把握住现在的瞬间，从现在开始做起。"只要坚持做下去就行，在实干的过程当中，你的心态会越来越成熟。有了开始，不久之后你的工作就可以顺利完成了。

很多成功者真正的才能在于他们审时度势之后付诸行动的速度，

这才是他们出类拔萃、真正成功的秘诀。什么事一旦决定，马上付诸实施是他们共同的本质，"现在就干，马上行动"是他们的口头禅。而如果在行动中，遭遇了一次失败，或者遇到了什么困难，就开始怨天尤人，那么你将没有办法再集中精神对梦想全力以赴了。

抱怨是很消极的东西，一旦你产生了这样的情绪，你就开始失去了积极的动力，也就失去了全力以赴的信念。所以，在实现梦想的道路上，不管遇到什么困难，都不应该抱怨，而是要勇敢地面对，用坚定地行动获得成功。

让问题止于自己的行动

美国总统杜鲁门上任后，在自己的办公桌上摆了个牌子，上面写着一句话，翻译成中文是"问题到此为止"，意思就是说："让自己负起责任来，不要把问题丢给别人。"把这句话引申到生活中，让问题止于自己，而不是把所有的过错都推给别人。大多数情况下，人们会对那些容易解决的事情负责，而把那些有难度的事情推给别人，这种思维常常会导致我们的失败。

美国钢铁大王安德鲁·卡内基年轻的时候，曾经在铁路公司做电报员。有一天正好他值班，突然收到了一封紧急电报，原来在附近的铁路上，有一列装满货物的火车出了轨道，要求上司通知所有要通过这条铁路的火车改变路线或者暂停运行，以免发生撞车事故。

因为是星期天，一连打了好几个电话，卡内基也找不到主管上司，眼看时间一分一秒地过去，而正有一次列车驶向出事地点。此时，卡内基做了一个大胆的决定，他冒充上司给所有要经过这里的列车司机发出命令，让他们立即改变轨道。按照当时铁路公司的规定，电报员擅自冒用上级名义发报，唯一的处分就是立即开除。卡内基十分清楚这项规定，于是在发完命令后，就写了一封辞职信，放到了上司的办公桌上。

第二天，卡内基没有去上班，却接到了上司的电话。来到上司的办公室后，这位向来以严厉著称的上司当着卡内基的面将辞职信撕碎，微笑着对卡内基说："由于我要调到公司的其他部门工作，我们已经决定由你担任这里的负责人。不是因为其他任何原因，只是因为你在正确的时机做了一个正确的选择。"

老板聘用一个人，给他一个职位，给他与这个职位相应的权力，目的是为了让他完成与这个职位相应的工作，妥善及时地解决工作中出现的问题，而不是听他讲关于问题长篇累牍的分析。

1999 年，曾是美国第一大零售商的凯玛特开始显露出走下坡路的迹象，有一个关于凯玛特的故事在广泛流传。

在 1990 年的凯玛特总结会上，一位高级经理认为自己犯了一个"错误"，他向坐在他身边的上司请示如何更正。这位上司不知道如何回答，便向上级请示："我不知道，您看怎么办。"而上司的上司又转过身来，向他的上司请示。这样一个小小的问题，一直推到总经理帕金那里。帕金后来回忆说："真是可笑，没有人积极思考解决问题的办法，而宁愿将问题一直推到最高领导那里。"2002年 1 月 22 日，凯玛特正式申请破产保护。凯玛特的破产有很多管理和运作上的问题，但是与公司内部流行的"把问题留给老板"的办事作风有着莫大的关系。

美国肯塔基丰田装配厂的管理者迈克·达普里莱把丰田生产方式描述为3个层次：技术、制度和哲学。他说："许多工厂装了紧急拉绳，如果出现问题，你可以拉动绳子让装配线停下来。5岁的孩子都能拉动这根绳，但是在丰田的工厂里，工人被灌输的哲学是，拉动这根绳子是一种耻辱，所以人人都仔细操作，不使生产线出现问题，所以那根绳子潜在的意义远远大于它的实际作用。"

在这里，是否拉动这根绳子，其实体现的是对待问题的态度。一个不把问题留给别人的人是不容许自己去拉动这样的紧急拉绳的，相反，他们会使出自己所有的办法，让问题止于行动。

在生活中，我们随时都可能遇到很多难题，这个时候如果自己不去解决，而是把所有的问题都推给别人，那么我们将一事无成。只有去积极地解决问题，你才能有机会获得成功。

敢做有时比会做更重要

任何时候，都不要失去勇气，即使一件事你没有十足的把握，你也要把勇气放在心头。一个有勇气的人，有时比一个能工巧匠更能获得成功。

1956年，58岁的哈默购买了西方石油公司，开始大做石油生意。石油是最能赚大钱的行业，也正因为最能赚钱，所以竞争尤为激烈。初涉石油领域的哈默要建立起自己的石油王国，无疑面临着极大的竞争风险。

首先碰到的是油源问题。1960 年，石油产量占美国总产量 38％的得克萨斯州已被几家大石油公司垄断，哈默无法插手；沙特阿拉伯是美国埃克森石油公司的天下，哈默难以染指。如何解决油源问题呢？ 1960 年，当花费了 1000 万美元勘探资金而毫无结果时，哈默再一次冒险地接受了一位青年地质学家的建议：旧金山以东一片被德士古石油公司放弃的地区，可能蕴藏着丰富的天然气，并建议哈默的西方石油公司把它租下来。哈默又千方百计从各方面筹集了一大笔钱，投入了这一冒险的投资。当钻到 860 英尺（约 262 米）深时，终于钻出了加利福尼亚州的第二大天然气田，估计价值在 2 亿美元以上。

哈默成功的事实告诉我们：风险和利润的大小是成正比的，巨大的风险能带来巨大的效益。

与其不尝试而失败，不如尝试了再失败，不战而败如同运动员在竞赛时弃权，是一种极端怯懦的行为。作为一个成功的经营者，就必须具备坚强的毅力，以及"即使失败也要试试看"的勇气和胆略。当然，冒风险也并非铤而走险，敢冒风险的勇气和胆略是建立在对客观现实的科学分析基础之上的。顺应客观规律，加上主观努力，力争从风险中获得效益，是成功者必备的心理素质，这就是人们常说的应当胆识结合。

成功需要充足的勇气，哈默正是依靠勇气而获得成功。

成功者必是勇敢者，而所谓勇敢者也必须是一个既敢想又敢做的人。

做自己命运的主宰

我们要做命运的主人，而不应由命运来折磨摆布自己。西方哲学家蓝姆·达斯曾讲了一个真实的故事。

一个因病而仅剩下数周生命的妇人，一直将所有的精力都用来思考和谈论死亡，这有多恐怖。

以安慰垂死之人著称的蓝姆·达斯当时便直截了当地对她说："你是不是可以不要花那么多时间去想死，而把这些时间用来活呢？"

他刚对她这么说时，那妇人觉得非常不快。但当她看出蓝姆·达斯眼中的真诚时，便慢慢地领悟到他话中的含意。

"说得对！"她说，"我一直忙着想死，完全忘了该怎么活了。"

一个星期之后，那妇人还是过世了。她在死前充满感激地对蓝姆·达斯说："过去一个星期，我活得要比前一阵丰富多了。"

你为什么要把命运交给别人掌控呢？自己去掌舵，生命才会更精彩。

在某大学入学教育的第一堂课上，年近花甲的老教授向学生们提了这样一个问题："请问在座的各位，你们从千里之外考到这所院校，独自一人到学校报名的同学请举手。"举手者寥寥无几，且大多都是从农村来的。教授接着说："由父母亲自送到学校接待点的请举手。"大教室里近百双手齐刷刷地举了起来。教授摇摇头，笑了笑给学生们讲了这样一个故事。

　　一个中国留学生，以优异的成绩考入了美国的一所著名大学，由于人生地不熟，思乡心切加上饮食生活等诸多的不习惯，入学不久便病倒了，更为严重的是由于生活费用不够，他的生活甚为窘迫，濒临退学。给餐馆打工一小时可以挣几美元，他嫌累不干，几个月下来他所带的费用所剩无几，学校放假时他准备退学回家。回到故乡后在机场迎接他的是他年近花甲的父亲。当他走下飞机扶梯的时候，立刻看到自己久违的父亲，便兴高采烈地向他跑去，父亲脸上堆满了笑容，张开双臂准备拥抱儿子。可就在儿子搂到父亲脖子的那一刹那，这位父亲却突然快速地向后退了一步，孩子扑了个空，一个趔趄摔倒在地。他对父亲的举动深为不解。父亲拉起倒在地上已经开始抽泣的孩子深情地对他说："孩子，这个世界上没有任何人可以做你的靠山，当你的支点。你若想在生活中立于不败之地，任何时候都不能丧失那个叫自立、自信、自强的生命支点，一切全靠你自己！"说完父亲塞给孩子一张返程机票。这位学生没跨进家门直接登上了返校的航班，返校不久他获得了学院里的最高奖学金，且有数篇论文发表在有国际影响的刊物上。

　　教授讲完后学生们急于知道这个父亲是谁时，老教授说："这世界上每一个人出生在什么样的家庭、有多少财产、有什么样的父亲、什么样的地位、怎样的亲朋好友并不重要，重要的是我们不能将希望寄托于他人，必要时要给自己一个趔趄，只要不轻言放弃，自立、自信、自强，就没有什么实现不了的事。"

　　教授这样说完后，全场鸦雀无声，同学们似乎一下子长大了许多。

　　亨利曾经说过："我是命运的主人，我主宰我的心灵。"做人应该做自己的主人；应该主宰自己的命运，不能把自己交付给别人。然而，生活中有的人却不能主宰自己。有的人把自己交付给了金钱，成为金钱的奴隶；有的人为了权力，成了权力的俘虏；有的人经不住生活中各种挫折与困难的考验，把自己交给了上帝；有的人经历一次失败后便迷失了自己，向命运低头，从此一蹶不振。

　　一个不想改变自己命运的人，是可悲的；一个不能靠自己的能力改变命运的人，是不幸的。一个人的成功，要经过无数的考验，而一个经受不住考验的人是绝对不能干出一番大事的。很多人之所以不能成就大事，关键就在于无法激发挑战命运的勇气和决心，不善于在现实中寻找答案。古今中外的成功者，无不凭借自己的努力奋斗，掌控命运之舟，在波峰浪谷中破浪扬帆。

　　每个人都要努力做命运的主人，而不能任由命运摆布自己。像莫扎特、凡·高这些历史上的名人，都是我们的榜样，他们生前都没有受到命运的公平待遇，但他们没有屈服于命运，没有向命运低头，他们向命运发起了挑战，最终战胜了命运，成了自己的主人，成了命运的主宰。

瞻前顾后只能使你停滞不前

　　人处于困境之中，更应该专注，一心一意地去做改变现状的工作，如果你还是瞻前顾后，左顾右盼，那你永远也不能改变不利的现状。

成就一番事业，实现人生价值，是一切有志者的追求。然而，通向成功的道路往往并不平坦，影响成功的因素复杂多样。现实生活中常常会看到这样的情形：有的人对学业、工作、事业专心致志、不懈努力，不受外界诱惑的干扰，扎扎实实地向着既定目标迈进，最终获得了成功；而有的人却耐不住寂寞，经不起诱惑，好高骛远、见异思迁，对学业、工作、事业缺乏一种执着精神，结果是一事无成。无数事实说明，专注是走向成功的一个重要因素。

有些成功，不需要太强的实力，需要的往往是专注；有些失败，并非缺乏良好的时机，缺乏的往往是坚持。有一则寓言故事，也许更能说明这个道理：

从前，有一对仙人夫妻，喜欢下围棋，他们常常到山上下棋。一只猴子，经年累月地躲在树上，看这对仙人下棋，终于练就了高超的棋艺。

不久，这只猴子下山来，到处找人挑战，结果，没有人是它的对手。最后，只要是下棋的人，一看对手是这只猴子，就甘拜下风，不战而逃。

国王终于看不下去了，全国这么多围棋高手竟然连一只猴子也敌不过，实在是太丢脸了。于是国王下诏：一定要找到人来战胜这只猴子。

然而，猴子的棋艺卓绝，举国上下，根本没有人是它的对手。那该怎么办呢？

这时，有一个大臣自告奋勇地说要与猴子下一盘。国王问："你有把握吗？"他说绝对有把握。但是，在比赛的桌上一定要放一盘水蜜桃。

比赛开始了，猴子与大臣面对面坐着，在比赛的桌子旁边放着一盘鲜嫩的水蜜桃。整盘棋赛中，猴子的眼睛盯着这盘水蜜桃，结果，猴子输了。

所谓"专注"，就是集中精力、全神贯注、专心致志。可以说，人们熟悉这个词就像熟悉自己的名字一样。然而，熟悉并不等于理解。从更深刻的含义上讲，专注乃是一种精神、一种境界。"把每一件事做到最好"，就是这种精神和境界的反映。一个专注的人，往往能够把自己的时间、精力和智慧凝聚到所要干的事情上，从而最大限度地发挥积极性、主动性和创造性，努力实现自己的目标。特别是在遇到诱惑、遭受挫折的时候，他们能够不为所动、勇往直前，直到最后取得成功。与此相反，一个人如果心浮气躁、朝三暮四，就不可能集中自己的时间、精力和智慧，干什么事情都只能是虎头蛇尾、半途而废。缺乏专注的精神，即使立下凌云壮志，也绝不会有所收获，因为"欲多则心散，心散则志衰，志衰则思不达也"。

专注源于强烈的责任感。只有讲责任、负责任，才能凝聚忠诚和热情，激发干劲和斗志。韩愈说："业精于勤而荒于嬉，行成于思而毁于随。"古往今来，那些真正能干大事、能干成大事者，莫不具有敢担大任的胸怀和勇气。强烈的责任感，是专注的原动力。

专注来自淡泊和宁静。一个人在为工作和事业奋斗的过程中，困难和挫折在所难免，孤独和寂寞也在所难免。面对这些情况时，要能做到不受干扰、专注如一，关键是保持淡泊和宁静。经验表明，对一件事情，专注一时者众，而始终专注者寡。这其中的一个重要原因就在于，一般人很难长期耐得住寂寞、经得起考验。任何一个成功者的背后，都有着坚持不懈的执着追求和艰苦劳动。诸葛亮说："淡泊以明志，宁静而致远。"唯有保持淡泊和宁静，才能坚定信念和追求，做到专注和执着。

　　一个人生活在社会中，面对纷繁复杂的世界，要想成就一番事业，就必须努力克服各种消极因素的影响。如果总是瞻前顾后，左思右想，就永远不可能取得成功。

不生气

——脾气好了，福气来了

第一章
戒贪嗔痴，拔除生气的根

人生有关隘

　　人生中不同的阶段有不同的关隘，最难通过的是君子三戒：少年戒之在色，男女之间如果有过分的贪欲，很容易毁伤身体；壮年戒之在斗，这个斗不只是指打架，而指一切意气之争，事业上的竞争，处处想打击别人，有这种心理是中年人的毛病；老年戒之在得，年龄不到可能无法体会，曾经有许多人，年轻时仗义疏财，到了老年反而斤斤计较，钱放不下，事业更放不下，在对待很多事情时都是如此。

　　三戒如同人生三个关隘，闯过去，便是踏平坎坷成大道；闯不过去，便是拿到了一张不合格的人生答卷，轻则半生虚度，重则一生荒废，甚至坠入万劫不复的深渊。

　　有一座泥像立在路边，历经风吹雨打。它多么想找个地方避避风雨，然而它无法动弹，也无法呼喊。它太羡慕人类了，它觉得做一个人，可以无忧无虑、自由自在地到处奔跑。它决定抓住一切机会，向人类呼救。

有一天，智者圣约翰路过此地，泥像用它的神情向圣约翰发出呼救："智者，请让我变成人吧！"圣约翰看了看泥像，微微笑了笑，然后衣袖一挥，泥像立刻变成一个活生生的青年。"你要想变成人可以，但是你必须先跟我试走一下人生之路，假如你受不了人生的痛苦，我马上把你还原。"智者圣约翰说。

于是，青年跟智者圣约翰来到一个悬崖边。"现在，请你从此崖走向彼崖吧！"圣约翰长袖一拂，已经将青年推上了铁索桥。青年战战兢兢，踩着一个个大小不同的链环边缘前行，然而一不小心跌进了一个链环之中，顿时，两腿悬空，胸部被链环卡得紧紧的，几乎透不过气来。

"啊！好痛苦呀！快救命呀！"青年挥动双臂大声呼救。"请君自救吧。在这条路上，能够救你的，只有你自己。"圣约翰在前方微笑着说。青年扭动身躯，奋力挣扎，好不容易才从这痛苦之环中挣扎出来。"你是什么链环，为何卡得我如此痛苦？"青年愤然道。"我是名利之环。"脚下铁链答道。

青年继续朝前走。忽然，一个绝色美女隐约间朝青年嫣然一笑，然后飘然而去，不见踪影。青年稍一走神，脚下一滑，又跌入一个环中，被链环死死卡住。青年挥动双臂大声呼救，可是四周一片寂静，没有一个人响应，没有一个人来救他。这时，圣约翰再次在前方出现，他微笑着缓缓道："在这条路上，没有人可以救你，你只能自救。"青年拼尽力气，总算从这个环中挣扎了出来，然而他已累得精疲力竭，便坐在两个链环间小憩。"刚才这是个什么痛苦之环呢？"青年想。"我是美色链环。"脚下的链环答道。

经过一阵轻松的休息后，青年顿觉神清气爽，心中充满幸福愉快的感觉，他为自己终于从链环中挣扎出来而庆幸。青年继续向前走，然而他又接连掉进欲望的链环、嫉妒的链环……待他从这一个个痛苦之环中挣扎出来时已经疲惫不堪了。他抬头望望，前面还有漫长的一段路，他再也没有勇气走下去了。

"智者！我不想再走了，你还是带我回原来的地方吧！"青年呼唤着。智者圣约翰出现了，他长袖一挥，青年便回到了路边。"人生虽然有许多痛苦，但也有战胜痛苦后的欢乐和轻松，你真的愿意放弃人生吗？""人生之路痛苦太多，欢乐和愉快太短暂、太少了，我决定放弃做人，还原为泥像。"青年毫不犹豫地说。智者圣约翰长袖一挥，青年又还原为一尊泥像。"我从此再也不用受人世的痛苦了。"泥像想。然而不久，泥像被一场大雨冲成了一堆烂泥。

人的一生需要迈过的坎很多，稍不留神，我们就会栽在其中一道坎上。不过，对于绝大多数人，或许最重要的是迈过金钱、权力与美色三道坎，就像孔子所说的"人生三戒"一样。

其实，无论你处于什么阶段，这"三戒"的内容，都应当牢记于心，"时时勤拂拭，莫使惹尘埃"。以"礼"约束，用理性的缰绳约束情感和欲望的野马，达到中和调适，便能顺利走过人生的几个关隘。

欲过度则为贪

贪的邪恶力量是无穷的，它会让欲望迷失人的本心，从而在追逐欲望的深渊中不能自拔。

贪婪往往要付出代价。有时候，有些人为了得到他喜欢的东西，殚精竭虑，费尽心机，更甚者可能会不择手段，以致走向极端。他付出的代价是其得到的东西所无法弥补的，也许那代价是沉重的，只是直到最后才会被他发现罢了。

贪婪的人，被欲望牵引，欲望无边，贪婪无边；贪婪的人，是欲望的奴隶，他们在欲望的驱使下忙忙碌碌，但不知所终；贪婪的人，常怀有私心，一心算计，斤斤计较，却最终一无所获。

古时，有一个国王非常富有，但他还是不满足，希望自己更富有。他甚至希望有一天，只要他摸过的东西都能变成金子。

结果，这个愿望实现了，天神给了国王一份厚礼。国王非常高兴，因为只要他伸手摸任何物品，那个物品就会变成黄金。他开心地用手触摸家中的每样家具，顿时每样东西都变成了黄澄澄的金子。

此时，国王心爱的小女儿高兴地跑过来。国王一伸手拥抱她，立刻，活泼可爱的小公主就变成一尊冰冷的金人。他惊呆了。

的确，有很多事情，做到何种程度是由我们自己来控制的。成功的人往往适可而止，而失败的人不是做得太少就是做得太多。但是，多并不一定会带来快乐，太多有时也是一种麻烦。

活着绝不是为了赚钱

清朝时山西太原有一个商人，生意做得很红火，长年财源滚滚。虽然请了好几位账房先生，但总账还是靠他自己算。钱的进项又多又大，他天天从早晨打算盘熬到深更半夜，累得腰酸背痛、头昏眼花。夜晚上床后又想到第二天的生意，一想到成堆白花花的银子就兴奋激动得睡不着。

这样，白天忙得不能睡觉，夜晚又兴奋得睡不着觉，他患上了严重的失眠症。他隔壁靠做豆腐为生的小两口儿，每天清早起来磨豆浆、做豆腐，说说笑笑，快快活活，甜甜蜜蜜。

墙这边的富商在床上翻来覆去，摇头叹息，对这对穷夫妻又羡慕又嫉妒。他的太太也说："老爷，我们要这么多银子有什么用，整天又累又担心，还不如隔壁那对穷夫妻活得开心。"

金钱并不是唯一能够满足心灵的东西。虽然它能为心灵的满足提供多种手段和工具，但在现实生活中，你却不能只顾享受金钱而不去享受生活。

享受金钱只能让自己早日堕落，而享受生活却能够使自己不断品尝人生的幸福。享受金钱会使自己被金钱的恶魔无情地缠绕，于是自己的生活主题只有"金钱"两字。整天为金钱所困惑，为金钱而难受，为金钱而痛苦，生活便会沦为围绕一张钞票而上演的闹剧。

享受生活的人则不在乎自己有多少金钱，多可以过，少一样可以过，问题是自己处处能够感悟到生活。过度享受金钱的人会为追逐金钱而失去本心。享受生活的人会感到人生是无限美好的，于是越活越开心。

对待金钱必须拿得起放得下，赚钱是为了活着，但活着绝不是为了赚钱。假如人活着只把追逐金钱作为人生唯一的目标和宗旨，那人将是一种可怜的动物，他将会被自己所制造出来的这种工具捆绑起来，并被生活遗弃。

心热如火，眼冷似灰

宋代词人辛弃疾有一句名言："物无美恶，过则为灾。"想拥有，是因为占有欲在作怪，如果舍得放弃，就不会如此痛苦了。生活就是如此，有的时候，痛苦和烦恼不是由于得到太少，反而是因为拥有太多。拥有太多，就会感到沉重、拥挤、膨胀、烦恼、害怕失去。

拥有是一种简单原始的快乐，拥有太多，就会失去最初的欢喜，变得越来越不如意。

日本禅师释宗演说："我心热如火，眼冷似灰。"他立下了如下的守则，终身信守不渝：

（1）晨起着衣之前，燃香静坐。

（2）定时休息，定时饮食；饮食适量，决不过饱。

（3）以独处之心待客，以待客之心独处。

（4）谨慎言辞，言出必行。

（5）把握机会，不轻易放过，但凡事须三思而行。

（6）已过不悔，展望将来。

（7）要有英雄的无畏，赤子的爱心。

（8）睡时好好去睡，要如长眠不起；醒时立即离床，如弃敝屣。

心中不染铜臭

金钱对于我们的生活来说很重要，但我们必须明白的是金钱并不是万能的。挣钱是为了让自己生活得更好，所以钱不是神，而是仆人。如果一个人成为金钱的奴隶，那么，对他而言，钱多并非是一件好事。

唐代德宗时的王锷是个赳赳武夫，凭着血气之勇打了几次胜仗，最后一步一步升迁。此公生性吝啬贪鄙，凡是他经手的工程建设，哪怕琐屑小事也要躬亲。不过，这完全不是出于对工作的谨慎负责，而是怕肥水流入外人田。每次公家设宴请客的剩菜剩饭，他要么自己全部带回家，要么全部当下卖掉，反正不会白白便宜了手下人。

他多年的一个旧友，看到他这样富贵了还见钱忘命，便善意又委婉地对他说："相爷要把身外之物看淡一点，对于金钱要有聚有散，好让社会上知道相爷重义不重财。"几天后那位旧友又去见王锷，王锷十分诚恳地对他说："前天你的劝告太及时了，我已按你的意思把钱财散了。我的每个儿子各人分得万贯，每个女婿各人分得千贯。"

听着王锷的话，那位老友两眼睁得又大又圆，心里暗暗地说：

"原来如此！"王锷这种散财方法的结局会很可悲。因为，留给儿孙的家业太多了，反而养成了他们不想自食其力的懒惰。

的确，如果我们不能很好地去把握和控制金钱，那么，钱越多，对于我们而言则害处越大。因此，我们必须明白：我们要做金钱的主人，而不是金钱的奴隶。要知道：金钱并不是生活的全部，生活中有比金钱更贵重的东西。

怒气会恶性传染

动辄发怒是放纵和缺乏教养的表现，而且一旦"愤怒"与"愚蠢"携手并进，"后悔"就会接踵而来。所以，血气沸腾之际，大脑不太清醒，言行容易过分，于人于己都不利。

有一位经理，一大早起床，发现上班快要迟到了，便急急忙忙地开着车往公司赶。

一路上，为了赶时间，这位经理连闯了几个红灯，最终在一个路口被警察拦了下来，给他开了罚单。

这样一来，上班迟到已是必然。到了办公室之后，这位经理犹如吃了火药一般，看到桌上放着几封前一天下班前便已交代秘书寄出的信件，更是气不打一处来，把秘书叫了进来，劈头盖脸就是一阵痛骂。

秘书被骂得莫名其妙，拿着未寄出的信件，走到总机小姐的座位，同样是一阵狠批。秘书责怪总机小姐，前一天没有提醒她寄信。

总机小姐被骂得心情恶劣之至，便找来公司内职位最低的清洁工，借题发挥，对清洁工的工作，没头没脑地也是一连串声色俱厉的指责。

清洁工底下，没有人可以再骂下去，她只得憋着一肚子闷气。

下班回到家，清洁工见到读小学的儿子趴在地上看电视，衣服、书包、零食，丢得满地都是，刚好逮住机会，把儿子好好地教训了一顿。

儿子电视也看不成了，愤愤地回到自己的卧房，见到家里那只大懒猫正盘踞在房门口，一时怒由心中起，狠狠地踢了一脚，把猫给踢得远远的。

无故遭殃的猫，心中百思不解："我这又是招谁惹谁了？"

情绪是可以传染的，尤其是坏情绪。按照上面这则事例中怒气蔓延的逻辑，再传递下去，最终会将全世界闹个鸡犬不宁。此话虽略显夸张，但不无道理。其实，他们中的任何一个人只要心平气和地面对别人的怒气，然后合理地处理好自己的情绪，怒气就不会传播得这么广，就不会有那么多的人受怒气影响而情绪变坏。

莫生气

一位西方学者曾经说过："忍耐和坚持是痛苦的，但它会逐渐给你带来幸福。"人要获得某方面的成就，必须学会忍耐，从某种程度上说，忍耐是成就一项事业的必要条件，忍耐能让你在清净沉寂中体会生命的幸福。

为人要学会忍耐，如果一点小事都不能容忍而发脾气，就只会坏事。只有下定决心耐住性子，才能做成事。只需忍耐，明天就一定会有阳光。一心忍耐，百炼钢也会化为绕指柔。

性格急躁、粗心大意的人难以办成大事；性情温和、内心安详的人必然万事顺利。不善于掌握自己情绪的人，必定要被命运所捉弄。

古时，有位妇人经常为一些琐碎的小事生气，她也知道这样不好，便去求一位高僧为自己谈禅说道，开阔心胸。

高僧听了她的讲述，一言不发，把她领到一座禅房中，上锁而去。妇人气得跳脚大骂。骂了许久，高僧也不理会。妇人转而开始哀求，高僧仍不听。妇人终于沉默了。高僧来到门外，问她："你还生气吗？"

妇人说："我只为我自己生气，我怎么会到这个地方来受罪呢？"

"连自己都不能原谅的人，怎么能心如止水？"高僧拂袖而去。

过了一会儿，高僧又问她："还生气吗？"

"不生气了。"妇人说。

"为什么？"

"生气也没有办法呀！"

"你的气并没有消，还压在心里，爆发后，将会更加剧烈。"高僧又离开了。

高僧第三次来到门前，妇人告诉他："我不生气了，因为不值得生气。"

"还知道不值得，可见心里还有衡量的标准，还是有'气根'。"

高僧笑道。

当高僧的身影迎着夕阳立在门口时，妇人问他："大师，什么是气？"

高僧将手中的茶水倾洒到地上。

妇人看了一会儿，突然有所感悟，于是，她叩谢而去。

"气"，便是一种需要上的失落。生气就是用别人的过错来惩罚自己的一种蠢行。既然如此，又何必生气呢？

莫生气，因为生气伤身又伤神。每个人都有自己的情绪，要学会控制，否则，有些过分的语言和行为会误事，更会伤人。稳定情绪，解脱自己，乃当务之急！

贝多芬曾说过：几只苍蝇咬几口，绝不能羁留一匹英勇的奔马。每一位优秀人物的身旁总会萦绕着各种纷扰，对它们保持沉默要比寻根究底明智得多。我们应当保持一种温和平静的心态，从容地面对那些纷扰。

心灵从容方富足

嫉妒心是美好生活中的毒瘤。

一棵树看着一棵树，
恨不得自己变成刀斧。
一根草看着一根草，
甚至盼望着野火延烧。

　　这是著名诗人邵燕祥的一首短诗《嫉妒》。寥寥四句就把嫉妒之情刻画得入木三分，揭露得淋漓尽致。

　　在果园的核桃树旁边，长着一棵桃树。桃树的嫉妒心很重，一看到核桃树上挂满果实，心里就觉得很不是滋味。

　　"为什么核桃树结的果子要比我多呢？"桃树愤愤不平地抱怨着，"我有哪一点儿不如它呢？老天爷真是太不公平了！不行，明年我一定要和它比个高低，结出比它还要多的桃子！让它看看我的本事！"

　　"你不要无端嫉妒别人啦，"长在桃树附近的老李子树劝诫道，"难道你没有发现，核桃树有着多么粗壮的树干、多么坚韧的枝条吗？你也不动脑筋想一想，如果你也结出那么多的果实，你那瘦弱的枝干能承受得了吗？我劝你还是安分守己、老老实实地过日子吧！"

　　自傲的桃树可听不进李子树的忠告，嫉妒心蒙住了它的耳朵和眼睛，不管多么有理的规劝，对它都起不到任何作用了。桃树命令它的树根尽力钻得深些、再深些，要紧紧地咬住大地，把土壤中能够汲取的营养和水分统统都吸收上来。它还命令树枝要使出全部的力气，拼命地开花，开得越多越好，而且要保证让所有的花朵都结出果实。

　　它的命令生效了，第二年花期一过，这棵桃树浑身上下密密麻麻地挂满了桃子。桃树高兴极了，它认为今年可以和核桃树好好比个高低了。

　　充盈的果汁使得桃子一天天加重了分量，渐渐地，桃树的树枝、树杈都被压弯了腰，连气都喘不过来了。它们纷纷向桃树发出请求，赶快抖掉一部分桃子，否则就要承受不住了。可是桃树不肯放弃即将到来的荣耀，它下令树枝与树杈要坚持住，不能半途而废。

这一天，不堪重负的桃树发出一阵哀鸣，紧接着就听到"咔嚓"一声，树干齐腰折断了。尚未完全成熟的桃子滚满了一地，在核桃树脚下渐渐地腐烂了。

人生就像一场比赛，不管多么努力，技术运用得多么高超，总会有相对于第一名的落后者。享受欢呼的，仅仅是那成千上万名中第一个冲到终点的幸运儿。生活又何尝不是这样？相对于那些在某一领域中因出类拔萃而获得万众瞩目的人来说，绝大多数的人都是那些在平凡的工作、平凡的家庭中默默尽力的人。况且，人生风云变幻，又有多少人没有品尝过世事沧桑的滋味呢？

从社会的需要说，只要每个人能做好自己分内的工作，维持物质的丰厚，铸造社会的繁荣，他就应该自豪。若从生活的价值来说，能够体味人生的酸甜苦辣，做了自己所喜欢的事，没有虐待这百岁年华的生命，心灵从容富足就算这一生"功德圆满"了。

第二章

不生气，心宽了事儿就小了

以恕己之心恕人

心胸豁达开朗的人，凡事站得高、看得远，不被眼前利益所蒙蔽，当然容易有成就；心量狭隘自私的人，处处与人计较，琐碎小事就能扰乱他的心志，成功的可能性也就相对减少了。

做人应该以恕己之心恕人，以责人之心责己，"一个真正的忍者，对待恶骂、打击、毁谤都要有承担、忍耐的力量"。人间最大的力量不是拳头、武力，也不是枪炮、子弹，而是忍，要做到"遭恶骂时默而不报，遇打击时心能平静，受嫉恨时以慈对待，遭毁谤时感念其德"。

宽容，是胸襟博大者为人处世的一种人生态度。总是对别人吹毛求疵的人，一定不是一个受欢迎的人。

能容天下者，方能为天下人所容。据此看来，你若要彩虹，你就得宽容雨点，若是在雨点滴到身上的那一刻便勃然大怒，又怎么能在彩虹出现的刹那间拥有一种怡然自得的心情呢？

森林中有一条河流，河水湍急，不停地打着漩涡，奔向远方。河上有一座独木桥，窄得每次只能容一人通过。

某日，东山的羊想到西山上去采草莓，而西山的羊想到东山上去采橡果，结果两只羊同时上了桥，到了桥中心，彼此碰到了，谁也走不过去。

东山的羊见僵持的时间已很长了，而西山的羊照样没有退让的意思，便冷冷地说道："喂，你长眼了没有，没见我要去西山吗？"

"我看是你自己没长眼吧，要不，怎么会挡我的道？"西山的羊反唇相讥。

于是，两只互不相让的羊开始了一场决斗。

"咔"，这是两只羊的犄角相碰撞的声音。

"扑通"，这是两只羊失足，同时落入河水中的声音。

森林里安静下来，两只羊跌入河心以后淹死了，尸体很快就被河水冲走了。

故事中的悲剧本来是可以避免的，只要有一只羊后退到桥头，等另一只过后再上桥，两只羊便都会平安无事。可悲的是，山羊们都固执地认为狭路相逢勇者胜，不肯宽容和忍让，最终都葬身河底。

"宽以待人"既是一种待人接物的态度，也是一种高尚的道德品质，它能够化解人和人之间的许多矛盾，增强人和人之间的友好情感。同时，一个人如果能够养成宽以待人的优良品德，就一定可以在同他人的相处中，严格要求自己，宽恕地善待他人，不断提高自己的思想境界，使自己成为一个道德高尚的人。

世上只要有人的地方就有纷争，尤其是有"我"有"你"再加个"他"，你、我、他之间的纷争就更多了。所以，若能秉持"你好他好我不好，你大他大我最小，你乐他乐我来苦，你有他有我没有"这四句偈语中所含的精神，人与人必能和谐相处，正如《易经》中所言，"地势坤，君子以厚德载物"。

化怨恨为宁静

法国大文豪雨果17岁那年，与门当户对、年轻貌美的阿黛·富谢订婚，20岁两人结婚。阿黛是个画家，为雨果生了3男2女。这本应是个幸福的家庭，可是婚后的第十年，阿黛突然另结新欢，追随一位作家而去。这使雨果十分痛苦，又备受打击。次年，他结识了女演员朱丽叶·德鲁埃，两人坠入爱河，这才使他那颗伤痛的心得到抚慰。

然而，阿黛离开雨果后，生活并不幸福，经济一度很拮据，几乎到了举步维艰的地步。无奈之下她精心制作了一只镶有雨果、拉马丁、小仲马和乔治·桑4位作家姓名的木盒，到街头出售，可是因为要价太高，很多天无人问津。一天，雨果从那儿经过看见了，就托人过去悄悄地买下来。今天，这只木盒仍陈列在巴黎雨果故居展览馆里。

爱是无私的，经过了一段忧伤的岁月之后，雨果将怨恨化作一种内心的安宁，这种安宁也就变成了一种高层次的美。

生活中，一个爱情的悲剧需要我们的原谅和包容。毕竟，诅咒、仇恨只会让人永陷痛苦的深渊。

多个对手多堵墙

动物王国的某公司里，狮子经理上任的第一天，便把前任经理的秘书斑马小姐叫到办公室，说："你本身就够胖的，还成天穿着花条纹衣服，一点气质都没有，这样下去有损我们公司的形象。如果你还想当办公室秘书，就得换身衣服来上班。"

"可是，我……"斑马小姐刚开口解释，狮子经理便恼怒地一挥手，斑马小姐只好含泪离开了办公室。

狮子又叫来业务员黄鼠狼，并对它说："你是业务骨干，为了体面地面对客户，从今天起，你不准放臭屁。"

"可是，我……"黄鼠狼刚要解释，狮子经理不耐烦地一挥手，黄鼠狼只好委屈地离开了办公室。

第二天，狮子刚走进公司大门，发现公司里冷冷清清，原来公司的员工集体辞职不干了。

狮子经理的无端指责，不但没有获得它所想象的效果，反而因树敌太多，大家都离开了它，使它成了"孤家寡人"。

无论是在生活中还是在工作中，都不要轻易地指责他人。

俗话说："多个朋友多条道，多个对手多堵墙。"你树敌过多，就会寸步难行。即使是正常的工作，也会遇到种种不应有的麻烦。

要避免树敌，首先得养成一个好习惯，那就是绝不要去指责别人。指责是对别人自尊心的一种伤害，它只能促使对方站起来维护他的自尊，为自己辩解。即使当时不能，他也会记下这一箭之仇，日后寻机报复。

人往往有这样一个特点，无论他多么不对，他都宁愿自责而不希望别人去指责他。所以在想要指责别人的时候，首先得记住，指责就像放出的信鸽一样，它总要飞回来的。指责不仅会使你伤害对方，而且对方也必然会在一定的时候指责你。

在生活中，凡是无关紧要的是非之争，要多给对方以取胜的机会，这样不仅可以避免树敌，而且还会使对方的某种"报复"得到满足，可以"以爱消恨"。

以爱回报恨

世间什么力量最大？忍辱的力量最大。拳头刀枪，使人畏惧，但不能服人，唯有忍辱才能感化强者。孟获臣服蜀国，廉颇向蔺相如负荆请罪，此皆忍辱所化也。

人际交往中，竞争不能阻止竞争，仇恨不能平息仇恨，以怨报怨只能使事情进一步激化，导致更大的仇怨。反之，忍之、耐之，以不争息争，以德报怨，使人不能与之争，使人无法与之恨，就能很好地缓解人际关系的紧张和矛盾，进而使问题得以顺利解决。

人生究竟应该以德报怨，以怨报怨，还是以直报怨呢？答案是应该以德报怨。唐代娄师德的涵养就是以德报怨的典型代表。

娄师德的弟弟要出任官员，临行前来向哥哥问询为人处世之道。娄师德问他："如果有人骂你，并且往你的脸上吐口水，你打算怎么对他呢？"

他的弟弟大概以为自己的修为很好，非常自信地说："无论他怎么骂我，我都不还口。他吐口水我也不骂他，我把口水抹掉就是了。"

娄师德一听，觉得弟弟的涵养还没有那么高，于是告诉他："别人往你的脸上吐口水就是对你有怨恨，他是借口水来泄愤。如果你把口水给抹掉了，那么他泄愤的目的就没有达到，你不但不能抹去，还应该把你的另外半边脸伸过去。"

这正是以德报怨：你对我坏，我还是对你好，你打了我的左脸，我就把右脸也凑过去，直到最终感化你。

宽心是财富

人不是做了错事之后得到报应才算公平。我们应该彼此宽容，每个人都有弱点与缺陷，都可能犯下这样那样的错误。我们要竭力避免伤害他人，要以博大的胸怀宽容对方。

从前，有一个富翁，他有三个儿子，在他年事已高的时候，富翁决定把自己的财产全部留给三个儿子中的一个。可是，到底要把财产留给哪一个儿子呢？富翁于是想出了一个办法。

他要三个儿子都花一年时间去游历世界，回来之后看谁做到了最高尚的事情，谁就是财产的继承者。一年时间很快就过去了，三个儿子陆续回到家中，富翁要三个人都讲一讲自己的经历。

大儿子得意地说："我在游历世界的时候，遇到了一个陌生人。他十分信任我，把一袋金币交给我保管，可是那个人却意外去世了，我就把那袋金币原封不动地还给了他的家人。"二儿子自信地说："当我旅行到一个贫穷落后的村落时，看到一个可怜的小乞丐不幸掉到河里了，我立即跳下马，从河里把他救了起来，并留给他一笔钱。"

三儿子犹豫地说："我……我没有遇到两个哥哥碰到的那种事，在我旅行的时候遇到了一个人，他很想得到我的钱袋，一路上千方百计地害我。我差点死在他手上。可是有一天我经过悬崖边，看到那个人正在悬崖边的一棵树下睡觉，当时我只要抬一抬脚就可以轻松地把他踢下悬崖，我想了想，觉得不能这么做，正打算走，又担心他一翻身掉下悬崖，就叫醒了他，然后继续赶路。这实在算不了什么有意义的经历。"富翁听完三个儿子的话，点了点头说道："诚实、见义勇为都是一个人应有的品质，称不上是高尚。有机会报仇却放弃，反而帮助自己的仇人脱离危险的宽容之心才是最高尚的。我的全部财产都是老三的了。"

富翁把宽容之心列为最高尚的，却也不无道理。

你在憎恨别人时，心里总是愤愤不平，希望别人遭到不幸、惩罚，却又往往不能如愿，一阵失望、烦躁之后，你失去了往日那轻松的心境和欢快的情绪，从而心理失衡；另一方面，在憎恨别人时，由于疏远别人，只看到别人的短处，言语上贬低别人，行动上敌视别人，结果使人际关系越来越僵，以致树敌为仇。你"恨死了"别人，这种嫉恨的心理对你的不良情绪起了不可低估的作用。而且，今天记恨这个，明天记恨那个，结果朋友越来越少，对立面越来越多，会严重影响人际关系和社会交往，使你最终成为"孤家寡人"。

在遭到别人伤害，心里憎恨别人时，不妨做一次换位思考：假如你自己处于这种情况，会如何应付？当你熟悉的人伤害了你时，想想他往日在学习或生活中对你的帮助和关怀，以及他对你的一切好处，这样，心中的火气、怨气就会大减，就能以包容的态度谅解别人的过错或消除相互之间的误会，化解矛盾，和好如初。这样，包容的是别人，受益的却是自己。

能够达到这种境界的人是智慧之人，他将看到广阔多彩的前景，会感觉到世界上所有的人都向他微笑。

点亮心灯一盏

生活中的每一次沧海桑田，每一次悲欢离合，都需要我们慢慢地用心去体会、去感悟。

如果我们的心是暖的，那么在自己眼前出现的一切都会变成灿烂的阳光、晶莹的露珠、五彩缤纷的落英和随风飘散的白云，一切都变得那么惬意和甜美。无论生活有多么的清苦和艰辛，都会感受到天堂般的快乐。心若冷了，再炽热的烈火也无法给这个世界带来一丝的温暖，我们的眼中也将充斥着无边的黑暗，冰封的雪谷，残花败絮的凄凉。

一个人有多大的灵性，就在于他的心灵具有多大的灵性。因此，生活在这个世界上，必须懂得珍视、呵护自己的心灵，才能保持个人的真善。

有一位小尼姑去见师父，悲哀地对师父说："师父，我已经看破红尘，遁入空门多年，每天在这青山白云之间，茹素礼佛，暮鼓晨钟，但经读得愈多，心中的个念不但不减，反而增加，怎么办啊？"

师父对她说："点一盏灯，使它不但能照亮你，而且不会留下你的身影，就可以体悟了！"

几十年之后，有一所尼姑庵远近驰名，大家都称之为万灯庵。因为庵中点满了灯，成千上万的灯，使人走入其间，仿佛步入一片灯海，灿烂辉煌。

这所万灯庵的住持就是当年的那位小尼姑，虽然年事已高，并拥有上百个徒弟，但是她仍然不快乐。因为尽管她每做一桩功德，都点一盏灯，却无论把灯放在脚边，悬在顶上，乃至以一片灯海将自己团团围住，还是会见到自己的影子。灯越亮，影子越显；灯越多，影子也越多。她困惑了，却已经没有师父可以问，因为师父早已去世，自己也将不久于人世。

后来，她圆寂了。据说就在圆寂前终于体悟到禅理的机要。

她没有在万灯之间找到一生寻求的东西，却在黑暗的禅房里悟道。她发觉身外的成就再高，如同灯再亮，却只能造成身后的影子。唯有一个方法，能使自己皎然澄澈，心无挂碍，那就是，点亮一盏心灵之灯。

《五灯会元》上记载了这样一则故事：

德山禅师在尚未得道之时曾跟着龙潭大师学习，日复一日地诵经苦读让德山有些忍耐不住。一天，他跑来问师父："我就是师父翼下正在孵化的一只小鸡，真希望师父能从外面尽快地啄破蛋壳，让我早日破壳而出啊！"

龙潭笑着说："被别人剥开蛋壳而出的小鸡，没有一个能活下来的。母鸡的羽翼只能提供让小鸡成熟和有破壳之力的环境，你突破不了自我，最后只能胎死腹中。不要指望师父能给你什么帮助。"

德山听后，满脸迷惑，还想开口说些什么，龙潭说："天不早了，你也该回去休息了。"德山撩开门帘走出去时，看到外面非常黑，就说："师父，天太黑了。"龙潭便给了他一支点燃的蜡烛，他刚接过来，龙潭就把蜡烛吹灭，并对德山说："如果你心头一片黑暗，那么，什么样的蜡烛也无法将其照亮啊！即使我不把蜡烛吹灭，说不定哪阵风也要将其吹灭！只有点亮心灯一盏，天地自然会一片光明。"

德山听后，如醍醐灌顶，后来果然青出于蓝，成了一代大师。

点亮心灯，人生才能温暖光明，由心灯发出的光，才不会留下自己的影子。不管身外多么黑暗，只要你心是光明的，黑暗就侵蚀不了你。

换个视角看人生

记得有位哲人曾说过："我们的痛苦不是问题的本身带来的，而是我们对这些问题的看法而产生的。"这句话很经典，它引导我们学会解脱，而解脱的最好方式是面对不同的情况，用不同的思路去多角度地分析问题。因为事物都是多面性的，视角不同，所得的结果就不同。

相信一句话：要解决一切困难是一个美丽的梦想，但任何一个困难都是可以解决的。一个问题就是一个矛盾的存在，而每一个矛盾只要找到合适的界点，都可以把矛盾的双方统一。这个界点在不停地变换，它总是在与那些处在痛苦中的人玩游戏。转换看问题的视角，就是不能用一种方式去看所有的问题和问题的所有方面。如果那样，你肯定会钻进一个死胡同，离那个界点越来越远，处在混乱的矛盾中而不能自拔。

活着是需要睿智的。如果你不够睿智，那至少可以豁达。以乐观、豁达、体谅的心态看问题，就会看出事物美好的一面；以悲观、狭隘、苛刻的心态去看问题，你就会觉得世界一片灰暗。两个被关在同一间牢房里的人，透过铁栏杆看外面的世界，一个看到的是美丽神秘的星空，一个看到的是地上的垃圾和烂泥，这就是区别。

换个视角看人生，你就会从容坦然地面对生活。当痛苦向你袭来的时候，不要悲观气馁，要寻找痛苦的原因、教训及战胜痛苦的方法，勇敢地面对这多舛的人生。

换个视角看人生，你就不会为战场失败、商场失手、情场失意而颓废，也不会为名利加身、赞誉四起而得意忘形。

换个视角看人生，是一种突破、一种解脱、一种超越、一种高层次的淡泊宁静。换一个视角看待世界，世界无限宽大；换一种立场对待人事，人事无不相安。

心宽寿自延，量大智自裕

我们不能改变生命的长度，却可以改变生命的宽度。这句话常常被用来激励失意之人。不要慨叹生命的短暂，而是要在有限的生命中注入无限的激情，如此，心情会随之改变，生活会随之改变，命运也会随之改变。

当我们要在一个蓄水池中注满清澈的河水时，蓄水池已经固定，增加输水管道的长度也只是拉长了水流的距离，我们需要去做的是将管道拓宽，这样才能更快地将水池注满。

事实上，当我们真正改变了心灵的宽度时，生命的长度也会悄然增加。"心宽寿自延，量大智自裕。"这真是一种人生的大智慧。心宽，放下一切自我执着而引发的烦恼；量大，用包容的心去容下他人的一切，才能获得真正的洒脱，做到真正的慈悲，获得真正的智慧。

真正的宽容，是包容清净的，也是包容污秽的；包容爱的人，也包容恨的人，包容善良，也包容邪恶。真正的量大，要像广袤的苍穹，容纳群星也容纳尘埃；要像浩瀚的大海，容纳大川也容纳细流；更要像无垠的虚空，无所不含，无所不摄。

苏东坡被贬谪到江北瓜洲时，和金山寺的和尚佛印相交甚多，常常在一起参禅礼佛、谈经论道，成为非常好的朋友。

一天，苏东坡作了一首五言诗：稽首天中天，毫光照大千；八风吹不动，端坐紫金莲。作完之后，他再三吟诵，觉得其中含意深刻，颇得禅家智慧之大成。苏东坡觉得佛印看到这首诗一定会大为赞赏，于是很想立刻把这首诗交给佛印，但苦于公务缠身，只好派了一个小书童将诗稿送过江去请佛印品鉴。书童说明来意之后将诗稿交给了佛印禅师，佛印看过之后，微微一笑，提笔在原稿的背面写了几个字，然后让书童带回。

苏东坡满心欢喜地打开了信封，却先惊后怒。原来佛印只在宣纸背面写了两个字："狗屁！"苏东坡既生气又不解，坐立不安，索性就搁下手中的事情，吩咐书童备船再次过江。

哪知苏东坡的船刚刚靠岸，却见佛印禅师已经在岸边等候多时。苏东坡怒不可遏地对佛印说："和尚，你我相交甚好，为何要这般侮辱我呢？"

佛印笑吟吟地说："此话怎讲？我怎么会侮辱居士呢？"

苏东坡将诗稿拿出来，指着背面的"狗屁"二字给佛印看，质问原因。

佛印接过来，指着苏东坡的诗问道："居士不是自称'八风吹不动'吗？那怎么一个'屁'就过江来了呢？"

苏东坡顿时明白了佛印的意思，满脸羞愧，不知如何作答。

苏东坡是古代名士，既有很深的文学造诣，同时也兼容了儒、释、道三家关于生命哲理的阐释，而有时候，他也并不能领悟真正的智慧。平时，我们谈生论死，侃侃而谈似乎置生死于度外；平时，我们谈名利如浮尘，恨不得视之为粪土。但是当死亡的恐惧、浮名的诱惑摆在眼前时，我们是否还能够保持一颗平静淡然的心，从容对待呢？

当我们将手中的鲜花送与别人时，自己已经闻到了鲜花的芳香；而当我们要把泥巴甩向其他人的时候，自己的手已经被污泥染脏。不发怒不暴躁，不患得患失，超然洒脱，才能达到高深的修持境界，获得真正的智慧。

第三章

不较真儿，人活着可别太累

世上本无事，庸人自扰之

一个年轻人四处寻找解脱烦恼的秘诀。他见山脚下绿草丛中一个牧童在那里悠闲地吹着笛子，十分逍遥自在。

年轻人便上前询问："你那么快活，难道没有烦恼吗？"

牧童说："骑在牛背上，笛子一吹，什么烦恼都没有了。"

年轻人试了试，烦恼仍在。

于是他只好继续寻找。

他来到一条小河边，见一老翁正专注地钓鱼，神情怡然，面带喜色，于是便上前问道："你能如此投入地钓鱼，难道心中没有什么烦恼吗？"

老翁笑着说："静下心来钓鱼，什么烦恼都忘记了。"

年轻人试了试，却总是放不下心中的烦恼，静不下心来。

于是他又往前走。他在山洞中遇见一位面带笑容的长者，便又向他讨教解脱烦恼的秘诀。

老年人笑着问道："有谁捆住你没有？"

年轻人答道："没有啊？"

老年人说："既然没人捆住你，又何谈解脱呢？"

年轻人想了想，恍然大悟，原来是被自己设置的心理牢笼束缚住了。

世上本无事，庸人自扰之。其实很多时候，烦恼都是自找的，要想从烦恼的牢笼中解脱，首先要做到"心无一物"，放下心中的一切杂念，不为外物的悲喜所侵扰，才能够抛却一切的烦恼，得到内心的安宁。

萧伯纳曾经说过："痛苦的秘诀在于有闲工夫担心自己是否幸福。"故事中的年轻人，四处寻找解脱烦恼的秘诀，却不知道这其实将带来更多的烦恼。许多烦恼和忧愁源于外物，却是发自内心，如果心灵没有受到束缚，外界再多的侵扰都无法动摇你宁谧的心灵；反之，如果内心波澜起伏，汲汲于功利，汲汲于悲喜，那么即便是再安逸的环境，都无法洗脱你心灵上的尘埃。一切的杂念与烦忧，都源自动摇的心旌所激荡起的涟漪，只要带着牧童牛背吹笛、老翁临渊钓鱼的心绪，而不去自寻烦忧，那么，烦扰自当远离。

把生活当情人，允许他发个小脾气

在生活中，有些人因为阅历不够，常常会碰到一些无法改变的事情。遇到这些事情，不要去硬拼，没必要非弄个鱼死网破，因为鱼死了网也未必会破；也不必弄个玉碎瓦全，因为碎了的玉和瓦没多大区别，不如去顺应、去配合，把自己磨得平和一些。

生活中发生的很多事情也许将我们磨得失去了耐性，可是没有办法改变，又能怎么办呢？最好的办法，就是把生活当成自己的小情人吧，在经受挫折时，就当是他在发脾气，不要与他计较，哄哄他也是一种生活的情调。

小张是一所名牌大学的高才生，他不仅成绩出众，还是校学生会的主席，大学毕业后，他如愿以偿来到一家外资企业工作。可是不久他就发现，自己在公司干的都是些打杂儿的事情。

从名牌大学的高才生到别人的"助理"，这样的现实让小张很难接受，特别是别人动不动就使唤他，让小张觉得尊严受到了挑战。不知不觉，小张发生着改变。

时间一长，小张的日子就不好过了，同事们几乎没人理他，孤傲的小张更加孤独了。

生活就是这样，当你没办法改变世界时，唯一的方法就是改变自己。还有另一个故事：

许多年前，一个妙龄少女来到东京酒店当服务员。这是她的第一份工作，因此她很激动，暗下决心：一定要好好干！她想不到：上司安排她洗厕所！洗厕所，说实话没人爱干，何况她从未干过粗重的活儿，细皮嫩肉、喜爱洁净的她干得了吗？她陷入了困惑、苦恼之中，也哭过鼻子。

这时，她面临着人生的一大抉择：是继续干下去，还是另谋职业？继续干下去——太难了！另谋职业——知难而退？她不甘心就这样败下阵来，因为她曾下过决心：人生第一步一定要走好，马虎不得！这时，同单位一位前辈及时出现在她面前，帮她摆脱了困惑、苦恼，帮她迈好了人生的第一步，更重要的是帮她认清了人生之路应该如何走。他并没有用空洞的理论去说教，只是亲自做给她看了一遍。

首先，他一遍遍地擦洗着马桶，直到光洁如新；然后，他从马桶里盛了一杯水，一饮而尽，竟然毫不勉强。实际行动胜过万语千言，他不用一言一语就告诉了少女一个极为朴素、极为简单的真理：光洁如新，要点在于"新"，新则不脏，因为不会有人认为新马桶脏，也因为马桶中的水是不脏的，所以是可以喝的；反过来讲，只有马桶中的水达到可以喝的洁净程度，才算是把马桶擦洗得"光洁如新"了，而这一点已被证明可以办得到。

同时，他送给她一个含蓄的、富有深意的微笑，送给她关注的、鼓励的目光。这已经够用了，因为她早已激动得几乎不能自持，从身体到灵魂都在震颤。她目瞪口呆，热泪盈眶，恍然大悟，如梦初醒！她痛下决心："就算一生洗厕所，也要做一名洗厕所洗得最出色的人！"

从此，她成为一个全新的、振奋的人，她的工作质量也达到了那位前辈的高水平。当然，她也多次喝过马桶水，为了检验自己的自信心，为了证实自己的工作质量，也为了强化自己的敬业心。在生活和工作中，我们会遇到许多的不如意。比如，你是一个刚毕业的学生，很喜欢编辑的工作，可是放在你面前的就只有文员的角色；你正处于事业的爬坡期，你以为升职的名单里会有你，可是另一个你认为不如你的人却代替你升了职……既然改变不了事实，那么我们何不顺应环境，厘清思绪，让自己重新开始呢？

生命短促，不要过于顾忌小事

事事计较的人，不但容易损害人际关系，从医学的观点看，也对自己的身体极其有害。《红楼梦》里的林黛玉，虽有闭月羞花、沉鱼落雁的美丽容貌，可总是患得患失，别人一句无意的话都会让她辗转反侧，难以入眠，抑郁不已，再加上情感上的打击，终于落得个"红颜薄命"的悲惨结局。

还有这样一个故事：一群好朋友，原本欢欢喜喜地去饮酒，酒下了肚没有多久，大伙你一句、他一句地开玩笑，突然盘飞菜溅，大伙打成了一团。探讨原因，也不过是某甲说了某乙性无能，某乙认为伤了其男性的自尊心，一定要讨回面子而已。小小的一个玩笑演变成你死我伤的局面。

世上有许多类似的情节，皆为一句话、一个小举动弄得反目成仇，到头来失去朋友、断了交情，可谓得不偿失。古语有云"小不忍则乱大谋"，一点不假。

人生之事，只要不是原则性的大事，得过且过又何妨？人活在世上，理应开朗、豁达，活得超脱一些；凡事斤斤计较，只是徒增烦恼罢了。

我们活在这个世上只有短短的几十年，而浪费很多不可能再补回来的时间去忧愁一些很快就会被所有人忘了的小事，值得吗？请把时间只用在值得做的事情上，去经历真正的感情，去做必须做的事情。生命太短促了，不该再顾忌那些小事。

人生的快乐不在于拥有的多，而在于计较的少

为人处世，不免有形形色色的矛盾、烦恼，如果斤斤计较于每一件事，那生命无疑是一个累赘，且充斥着悲剧色彩。

1945 年 3 月，罗勒·摩尔和其他 87 位军人在贝雅 S·S318 号潜艇上。当时雷达发现有一个驱逐舰队正往他们的方向开来，于是他们就向其中的一艘驱逐舰发射了 3 枚鱼雷，但都没有击中。这艘舰也没有发现。但当他们准备攻击另一艘布雷舰的时候，它突然掉头向潜艇开来，可能是一架日本飞机看见这艘位于 60 英尺（1 英尺＝ 0.3048 米）水深处的潜艇，用无线电告诉这艘布雷舰。

他们立刻潜到 150 英尺地方，以免被日方探测到，同时也准备应付深水炸弹。他们在所有的船盖上多加了几层栓子。3 分钟之后，突然天崩地裂。6 枚深水炸弹在他们的四周爆炸，他们直往水底——深达 276 英尺的地方下沉，他们都吓坏了。

按常识，如果潜水艇在不到 500 英尺的地方受到攻击，深水炸弹在离它 17 英尺之内爆炸的话，差不多是在劫难逃。罗勒·摩尔吓得不敢呼吸，他在想："这回完蛋了。"在电扇和空调系统关闭之后，潜艇的温度升到近 40 度，但摩尔却全身发冷，牙齿打战，身冒冷汗。15 小时之后，攻击停止了，显然那艘布雷舰的炸弹用光以后就离开了。

这 15 小时的攻击，对摩尔来说，就像有 1500 年。他过去所有的生活——浮现在眼前，他想到了以前所干的坏事，所有他曾担心过的一些很无聊的小事。他曾经为工作时间长、薪水太少、没有多少机会升迁而发愁；他也曾经为没有办法买自己的房子、没有钱买部新车子、没有钱给妻子买好衣服而忧虑；他非常讨厌自己的老板，因为这位老板常给他制造麻烦；他还记得每晚回家的时候，自己总感到非常疲倦和难过，常常跟自己的妻子为一点小事吵架；他也为自己额头上的一块小疤发愁过。

摩尔说："多年以来，那些令人发愁的事看来都是大事，可是在深水炸弹威胁着要把我送上西天的时候，这些事情又是多么的荒唐、渺小。"就在那时候，他向自己发誓，如果他还有机会见到太阳和星星的话，就永远永远不会再忧虑。在潜艇里那可怕的 15 小时，比他在大学读了 4 年书所学到的要多得多。

我们可以相信一句话：人生中总是有很多的琐事纠缠着我们，但是我们不能与它斤斤计较，因为心胸狭窄是幸福的天敌。

生活中，将许多人击垮的有时并不是那些看似灭顶之灾的挑战，而是一些微不足道的、鸡毛蒜皮的小事。人们的大部分时间和精力无休止地消耗在这些鸡毛蒜皮的小事之中，最终让大部分人一生一事无成。

大家都知道在法律上的一条格言："法律不会去管那些小事情。"如果一个人希望求得心理上的平静和快乐，总不该为一些小事斤斤计较、忧心忡忡。

很多时候，要想克服由一些小事情所引起的困扰，只需将你的注意力的重点转移开来，给自己设定一个新的、能使你开心一点的看问题的角度与方法就可以了，这样你会重新收获生活的快乐。

抛开烦恼，别跟自己较劲

生活中不顺心的事十有八九，要做到事事顺心，就要做到放得下，不愉快的事让它过去，别放在心上。有一句话说的是：生气是拿别人的错误惩罚自己。如果你总是念念不忘别人的坏处，实际上深受其害的是自己的心灵，搞得自己狼狈不堪，不值得。既往不咎的人，才可能甩掉沉重的包袱，大踏步前进。

有一位企业老总，当有人问起他的成功之路时，他讲了自己的一段切身经历：

"这几年来我一直采用忘却来调整自己的心态。我本来是一个情绪化的人，一遇到不开心的事，心情就糟糕不已，不知道该怎么做好。我知道这是自己性格的弱点，可我找不到更好的办法来化解。直到后来，遇到一位老专家。

"大学刚毕业那段时间，是我心情最灰暗的时候。当时我在一家公司做文员，工资低得可怜，而且同事间还充满着排斥和竞争，我有些适应不了那里的工作环境。更令人难过的是，相爱三年的女友也执意要离开我，我没有想到多年的爱情竟然经不起现实的考验，我的心在一点一点地破碎。朋友的劝慰似乎都起不到作用，我一味地让自己沉沦下去。除了伤悲，我又能做些什么呢？到最后，朋友建议我去找一位知名的心理专家咨询一下，以便摆脱自己的困境。"当那位老专家听完我的诉说后，他把我带到一间很小的办公室，室内唯一的桌上放着一杯水。老专家微笑着说：'你看这只杯子，它已经放在这里很久了，几乎每天都有灰尘落入里面，但它依然澄澈透明，你知道是为什么吗？'

"我认真思索，像是要看穿这杯子，是的，这到底是为什么呢？这杯水有这么多杂质，但最终却为什么很清澈呢？对了，我知道了，我跳起来说：'我懂了，所有的灰尘都沉淀到杯子底下了。'老专家赞同地点点头：'年轻人，生活中烦心的事很多，有些是越想忘掉越不易忘掉，那就记住它好了。就像这杯水，如果你厌恶它，使劲摇晃它，就会使整杯水都不得安宁，浑浊一片，这是多么愚蠢的行为。如果你愿意慢慢地、静静地让它们沉淀下来，用宽广的胸怀去容纳它们，这样，心灵并未因此受到感染，反而更加纯净了。'

"我记住了这位老专家睿智的话，以后，当我再遇到不如意的事时，就试着把所有的烦恼都沉入心底，不要与那些不顺的事纠缠。当它们慢慢沉淀下来时，我的生活就马上阴转晴了，变得快乐和明媚起来。"

遗憾的是在生活中，很多人有时候太在意自己的感觉了。比如，你在路上不小心摔了一跤，惹得路人哈哈大笑。你当时一定很尴尬，认为全天下的人都在看着你。但是你如果站在别人的角度考虑一下，就会发现，其实这件事只是他们生活中的一个小插曲，甚至有时连插曲都算不上，他们哈哈一笑，然后就把这件事忘记了。

人生路上，我们只是别人眼中的一道风景，对于一次挫折、一次失败，完全可以一笑了之，不要过多地纠缠于失落的情绪中。你的抱怨只能提醒人们重新注意到你曾经的失败。你笑了，别人也就忘记了。有句话说："20 岁时，我们顾虑别人对我们的想法；40 岁时，我们不理会别人对我们的想法；60 岁时，我们发现别人根本就没有想到我们。"这并非消极，而是一种人生哲学——学会看轻你自己，才能做到轻装上阵。

生活中难免会遇到来自外界的一些伤害，经历多了，自然有了提防。可是，我们却往往没有意识到，有一种伤害并不是来自外部，而是我们自己造成的：为了一个小小的职位、一份微薄的奖金，甚至是为了一些他人的闲言碎语，我们发愁、发怒，计较，纠缠其中。一旦久了，我们的心灵就被折磨得千疮百孔，对生活失去热情，对周围的人也冷淡了很多。

假如我们能不被那么一点点的功利所左右，我们就会显得坦然多了，能平静地面对各种荣辱得失和恩恩怨怨，使我们永久地持有对生活的美好认识与执着追求。这是一种修养，是对自己人格与性情的冶炼，从而使自己的心胸趋向博大，视野变得深远。那么，我们在人生旅途上，即使是遇到了凄风苦雨的日子，碰到困苦与挫折，我们也都能坦然地走过。

生活在现在，面向着未来，过去的一切都被时间之水冲得一去不复返。我们没有必要念念不忘那些不愉快，那些人间的仇怨。念念不忘，只能被它腐蚀，而变得憎恨和怨艾，甚至导致精神崩溃，陷自己于疯狂。

学习忘记之道，让许多愤恨的往事烟消云散，日子久了，激动的情绪也就越来越少，心灵和精神的活力就会得以再生，从而恢复了原有的喜悦和自在。

生气不如"消"气，不必在意太多

古时候，有一个叫爱地巴的人。每次生气或者与人争执的时候，他就以很快的速度跑回家去，绕着自己的房子和土地跑三圈，然后坐在田边喘气。爱地巴工作非常努力，他的房子越来越大，土地也越来越广，但不管房子有多大，只要与人生气了，他还是会绕着房子和土地跑三圈。爱地巴为何每次生气都这样做呢？

所有认识他的人，心里都疑惑，但是不管怎么问他，爱地巴都不愿意说明。直到有一天，爱地巴很老了，他的房、地也已经很广大，他又拄着拐杖艰难地绕着土地和房子走。等他好不容易走完三圈，太阳都下山了。爱地巴坐在田边喘气，他的孙子在身边恳求他："阿公，您已经年纪大了，这附近也没有人的土地比您的更大，您不能再像从前一样，一生气就绕着土地跑啊！您可不可以告诉我，为什么您一生气就要绕着土地跑上三圈？"

爱地巴禁不起孙子的恳求，终于说出隐藏在心中多年的秘密，他说："年轻时，我一和人吵架、争论、生气，就绕着土地跑三圈，边跑边想，我的房子这么小，土地这么少，我哪有时间和资格去跟人家生气，一想到这里，气就消了，于是就把所有的时间用来努力工作。"

孙子问道："阿公，您年纪大了，又变成了最富有的人，为什么还要绕着土地跑？"

爱地巴笑着说："我现在还是会生气，生气时绕着房地走三圈，边走边想，我的房子这么大，土地这么多，我又何必跟人计较？一想到这儿，气就消了。"

现实生活中，像爱地巴那样的人恐怕没有吧？不生气真的好难啊！难，并不意味着没有解决的办法，那么怎样才能不生气呢？

在不幸面前，应保持冷静的思考和稳定的情绪，遇事冷静，客观地作出分析和判断。

要多方面培养自己的兴趣与爱好，如书法、绘画、集邮、养花、下棋、听音乐、跳舞、打太极拳等，可以修身养性、陶冶情操。

要有自知之明，遇事要尽力而为，适可而止，不要好胜逞能而去做力所不能及的事。不要过于计较个人的得失，不要常为一些鸡毛蒜皮的事发火，愤怒要克制，怨恨要消除。保持和睦的家庭生活和良好的人际关系、邻里关系，这样在遇到问题时可以得到各方面的支持。

一个拥有平和心态的人，总是尽量做到自然，不必在意太多，并总能找到排解烦恼、忧愁的渠道。

第四章

要宽容，不要拿别人的错误惩罚自己

宽容是善意的责任

只有用宽容的心去对待别人的人才有资格得到别人的宽容。

这是一场惨烈的战争，几乎所有的士兵都丧命于敌人的刀剑之下。

命运将两个地位悬殊的人推到一起：一个是年轻的指挥官，一个是年老的炊事员。

他们在奔逃中相遇，两个人不约而同地选择了相同的路径——沙漠。追兵止于沙漠的边缘，因为他们不相信有人会从那里活着出去。

"请带上我吧，丰富的阅历教会了我如何在沙漠中辨认方向，我会对你有用的。"老人哀求道。指挥官麻木地下了马，他认为自己已经没有了求生的资格。他望着老人花白的双鬓，心里不禁一颤：由于我的无能，几万个鲜活的生命从这个世界上消失，我有责任保护这最后一个士兵。他扶老人上了战马。

到处是金色的沙丘，在这茫茫的沙海中，没有一个标志性的东西，使人很难辨认方向。"跟我走吧。"老人果敢地说。指挥官跟在他的后面。灼热的阳光将沙子烤得如炙热的煤炭一样，喉咙干得几乎要冒烟。他们没有水，也没有食物。老人说："把马杀了吧！"年轻人怔了怔，唉，要想活着也只能如此了。他取下腰间的军刀。

"现在，马没了，就请你背我走吧！"年轻人又一怔，心想，你有手有脚，为什么要人背着走？这要求着实有点过分。但长期以来，他都处在深深的自责之中，老人此时要在沙漠中逃生，也完全是因为他的不称职。他此刻唯一的信念就是让老人活下去，以弥补自己的罪过。他们就这样一步一步地前行，在大漠上留下了一串深陷且绵延的脚印。

一天，两天……十天。茫茫的沙漠好像无边无际，到处是灼烧的沙砾，满眼是弯曲的线条。白天，年轻人是一匹任劳任怨的骆驼；晚上，他又成了最体贴周到的仆从。然而，老人的要求却越来越多，越来越过分。他会将两人每天总共的食物吃掉一大半，会将每天定量的马血喝掉好几口。年轻人从没有怨言，他只希望老人能活着走出沙漠。

两人越来越虚弱，直到有一天，老人奄奄一息了。"你走吧，别管我了。"老人愤愤地说，"我不行了，还是你自己去逃生吧。"

"不，我已经没有了生的勇气，即使活着我也不会得到别人的宽恕。"

一丝苦笑浮上了老人的面容。"说实话，这些天来难道你就没有感到我在刁难、拖累你吗？我真没想到，你的心可以包容下这样不平等的待遇。"

"我想让你活着，你让我想起了我的父亲。"年轻人痛苦地说。老人此刻解下了身上的一个布包。"拿去吧，里面有水，也有吃的，还有指南针，你朝东再走一天，就可以走出沙漠了，我们在这里的时间实在太长了……"老人闭上了眼睛。

"你醒醒，我不会丢下你的，我要背你出去。"老人勉强睁开眼睛，"唉，难道你真的认为沙漠这么漫无边际吗？其实，只要走三天，就可以出去，我只是带你走了一个圆圈而已。我亲眼看着我两个儿子死在敌人的刀下，他们的血染红了我眼前的世界，这全是因为你。我曾想与你同归于尽，一起耗死在这无边的沙漠里，然而你却用胸怀融化了我内心的仇恨，我已经被你的宽容大度所征服。只有能宽容别人的人才配受到他人的宽容。"老人永久地闭上了眼睛。

指挥官震惊地矗立在那儿，仿佛又经历了一场战争，一场人生的战争。他得到了一位父亲的宽容。此时他才明白武力征服的只是人的躯体，只有靠爱和宽容大度才能赢得人心。

他放平老人的身体，怀着宽容之心，向希望走去。

宽容对一个人来说，永远是一个善意的责任，从来不是一个人惩罚另一个人的机会。人们的宽容永远是美德的辅佐，不是罪恶的助手。

人的心胸就好比芥子

唐朝有一位江州刺史李渤，问智常禅师道："佛经上所说的'须弥藏芥子，芥子纳须弥'未免失之玄奇了，小小的芥子，怎么可能容纳那么大的一座须弥山呢？过分不懂常识，是在骗人吧？"

智常禅师闻言而笑，问道："人家说你'读书破万卷'，可有这回事？"

"当然！当然！我读的书岂止万卷？"李渤得意扬扬地说。

"那么你读过的万卷书如今何在？"

李渤抬手指着头说："都在这里了！"

智常禅师道："奇怪，我看你的头颅也只有一个椰子那么大，怎么可能装得下万卷书？莫非你也骗人吗？"

李渤顿时目瞪口呆，无话可说。

就像可以装下须弥山的小小芥子一样，人的心灵像一个小小的宇宙，能够装下目力所及的一切，甚至还能装下想象中的无穷空间，心境浩瀚则无边界。

圣严法师把上述公案中的禅理用之于职场，即是告诫职场中人必须拥有开阔的心胸。

何谓"心胸开阔"？法师将这类人分为两种：一种人心胸开阔、知天乐命；另一种就要求创业者拥有超越利害得失、成败是非的心态。

第一种人生性乐观，即使面对职场中的诡谲风云，依然能够自得其乐。但是，这种人的缺点在于可能因过分乐观而变得对什么都不在乎，当事业顺利时，他能在谈笑间运筹帷幄；当无所事事时，他也不以为意。

与第一种人相比，第二种人追求更精彩的人生，同时，他们的人生态度也更加积极：他们渴望一展宏图，面对挫折时不会像第一种人一样毫不在意，但也不会因职场的不顺、事业的失利而自伤自怜，而是能够自我宽慰，重新出发。

举一个简单的例子，圣严法师所在的农禅寺经常遭遇台风的袭击。某一年台风来袭之前，圣严法师让弟子将寺中低洼处的物品都搬到了高台上，但是由于雨水过多，农禅寺还是被淹了，损失很大。但圣严法师却并不因此难过，"面对这无奈的事实，我认为既然已经尽力处理了，无论结果如何、有没有损失，都不必那么在意，只要全心处理善后就好"。

这正是真正开朗的心胸，遇事竭尽全力，即使无法挽回也不抱怨生活。这种态度对所有人来说都有裨益，处于紧张、忙碌、压抑的职场环境中的人更应该好好体会。

一天，一位企业家来向圣严法师求教。原来是因为受到经济危机的影响，他的企业逐渐走着下坡路。想到昔日的辉煌，这位企业家内心非常痛苦。

圣严法师劝慰他说："最初你不是白手起家的吗？那时候你什么都没有，只是后来生意才渐渐做大的。现在不过是回到了原点，或者说是比你的起点更高一层的地方，你只是失去了你曾经就没有的东西，何苦为它烦恼？"

企业家说："如果一开始就没有，那么我也不会这么痛苦。恰恰是因为我有过那么多钱，但现在全赔进去了，我才会割舍不下，又不知如何是好。"

"生不带来，死不带去，你本也知道钱财是身外物。至于你内心的痛苦，能处理的就处理，不能处理的就放下。一切从头开始，不也很好吗？"

"那也就是说我大概没有东山再起的希望了吧！"企业家失望地说。

圣严法师合掌说道："不要这么想，即使这一生没有希望，来生还有希望，永远都有希望的。更何况在你面前，还有那么多重新开始的机会。"

这位企业家的苦恼就在于他心胸虽然宽广，却都被高远的志向占据，没有给可能出现的挫折留下一点空间，以致他无法豁达面对暂时的失败。

纵观风起云涌的职场，每个人可能都是一颗微不足道的芥子，但其中那些心胸开朗的芥子，不仅有足够的胸怀容纳须弥山，也有化解一切挫折的涵养。

放开胸怀得到的是整个世界

我们说心就像一个人的翅膀，心有多大，世界就有多大。但如果不能打碎心中的四壁，你的翅膀就舒展不开，即使给你一片大海，你也找不到自由的感觉。

有一条鱼在很小的时候被捕上了岸，渔人看它太小，而且很美丽，便把它当成礼物送给了女儿。小女孩把它放在一个鱼缸里养了起来，每天这条鱼游来游去总会碰到鱼缸的内壁，心里便有一种不愉快的感觉。

后来鱼越长越大，在鱼缸里转身都困难了，女孩便给它换了更大的鱼缸，它又可以游来游去了。可是每次碰到鱼缸的内壁，它畅快的心情便会黯淡下来，它有些讨厌这种原地转圈的生活了，索性静静地悬浮在水中，不游也不动，甚至连食物也不怎么吃了。女孩看它很可怜，便把它放回了大海。

它在海中不停地游着，心中却一直快乐不起来。一天它遇见了另一条鱼，那条鱼问它："你看起来好像闷闷不乐啊！"它叹了口气说："啊，这个鱼缸太大了，我怎么也游不到它的边！"

我们是不是就像那条鱼呢？在鱼缸中待久了，心也变得像鱼缸一样小了，不敢有所突破。即使有一天，到了一个更为广阔的空间，已变得狭小的心反倒无所适从了。

打开自己，需要开放自己的胸怀。

开放，是一种心态、一种个性、一种气度、一种修养；是能正确地对待自己、他人、社会和周围的一切；是对自己的专业和周围的世界都怀有强烈的兴趣，喜欢钻研和探索；是热爱创新，不墨守成规，不故步自封，不固执僵化；是乐于和别人分享快乐，并能抚慰别人的痛苦与哀伤；是谦虚，承认自己的不足，并能乐观地接受他人的意见，而且非常喜欢和别人交流；是乐于承担责任和接受挑战；是具有极强的适应性，乐意接受新的思想和新的经验，能够迅速适应新的环境；是坚强，敢于面对任何的否定和挫折，不畏惧失败。

不打开自己，一个人就不可能学会新东西，更不可能进步和成长。开放的胸怀，是学习的前提，是沟通的基础，是提升自我的起点。在一个组织里，最成功的人就是拥有开放胸怀的人，他们进步最快，人缘最好，也容易获得成功的机会。

具有开阔胸怀的人，会主动听取别人的意见，改进自己的工作。比尔·盖茨经常对公司的员工说："客户的批评比赚钱更重要。从客户的批评中，我们可以更好地吸取失败的教训，将它转化为成功的动力。"比尔·盖茨本人就是一个心态非常开放的人，他鼓励公司里每个人畅所欲言，当别人和他有不同意见时，他会很虚心地去听。每次公开讲演之后，他都会问同事哪里讲得好，哪里讲得不好，下次应该怎样改进。这就是世界首富的作风，也是他之所以能成为首富的潜质。

开放的心自由自在，可以飞得又高又远；而封闭的心像一池死水，永远没有机会进步。如果你的心过于封闭，不能接纳别人的建议，就等于锁上了一扇门，禁锢了你的心灵。要知道褊狭就像一把利刃，会切断许多机会及沟通的管道。

花草因为有土壤和养分才会茁壮成长、绽放美丽，人的心灵也必须不断接受新思想的洗礼和浇灌，否则智慧就会因为缺乏营养而枯萎死亡。

遇谤不辩，沉默即宽容

诗曰："不智之智，名曰真智。蠢然其容，灵辉内炽。用察为明，古人所忌。学道之士，晦以混世。不巧之巧，名曰极巧。一事无能，万法俱了。露才扬己，古人所少。学道之士，朴以自保。"在人生的旅途中，我们会有各种各样的遭遇，许多时候，沉默是最好的矛与盾，进可攻，退可守。

有位修行很深的禅师叫白隐，无论别人怎样评价他，他都会淡淡地说一句："就是这样吗？"

在白隐禅师所住的寺庙旁，有一对夫妇开了一家食品店，家里有一个漂亮的女儿。夫妇俩发现尚未出嫁的女儿竟然怀孕了。这种见不得人的事，使得她的父母震怒万分！在父母的一再逼问下，她终于吞吞吐吐地说出"白隐"两字。

她的父母怒不可遏地去找白隐禅师理论，但这位大师不置可否，只若无其事地答道："就是这样吗？"孩子生下来后，就被送给了白隐禅师，此时，他的名誉虽已扫地，但他并不在意，而是非常细心地照顾着孩子——他向邻居乞求婴儿所需的奶水和其他用品，虽不免横遭白眼，或是冷嘲热讽，但他总是处之泰然，仿佛他是受托抚养别人的孩子一样。

事隔一年后，这位没有结婚的妈妈，终于不忍心再欺瞒下去了，她老老实实地向父母吐露了真情：孩子的生父是住在附近的一位青年。

她的父母立即将她带到白隐禅师那里，向他道了歉，请求他原谅，并将孩子带了回来。

白隐禅师仍然是淡然如水，他只是在交回孩子的时候，轻声说道："就是这样吗？"仿佛不曾发生过什么事；即使有，也只像微风吹过耳畔，稍纵即逝。

白隐禅师为给邻居女儿生存的机会和空间，代人受过，牺牲了为自己洗刷清白的机会。在受到人们的冷嘲热讽时，他始终处之泰然，只有平平淡淡的一句话——"就是这样吗？"雍容大度的白隐禅师令人赞赏景仰。

环视芸芸众生，能做到遭误解、毁谤，不仅不辩解、报复，反而默默承受，甘心为此奉献付出、受苦受难，这样的人有几个呢？

遇谤不辩，是一种多么难得的人生智慧。当诽谤发生后，一味地争辩往往会适得其反，不是越辩越黑便是欲盖弥彰。这时候，往往沉默是金，让清者自清而浊者自浊，这才是明智的选择。诽谤最终会在事实面前不攻自破。在现实生活中，拥有"不辩"的胸襟，就不会与他人针尖对麦芒，睚眦必报；拥有"不辩"的智慧，宽恕永远多于怨恨。

多一些磅礴大气，少一些小肚鸡肠

大度，是一种修养，是一个人健全人格和健康心理的体现。大度也是一种气质，是一个人幸福生活的前提。大度来自人的理念、理想追求及道德修养。要做到大度不小气，首先要眼界宽阔，而不能目光短浅。因为眼界宽阔的人在看问题方面会比较大气，而没有什么见识的人只能囿于自己的小圈子里面，为了鸡毛蒜皮的事情跟人吵得面红耳赤。因此，我们要始终怀着一颗美好的心去观察和认识世界，要用长远的眼光去看问题，只有这样，才能具有宏大而深邃的视野，才能有宽阔的胸襟。

从前有两个人，一个叫提耆罗，一个叫那赖。这两个人神通广大，本领高超，无论是婆罗门、佛家弟子，还是仙人、圣人、龙王及一切鬼神，无不钦佩，都来向他们顶礼膜拜。

一天夜里，提耆罗因长时间诵经感到十分疲乏，先睡了。那赖当时还没有睡，一不小心踩了提耆罗的头，使他疼痛难忍。提耆罗一时心中大怒地说："谁踩了我的头？明天清早太阳升起一竿子高的时候，他的头就会破为七块！"那赖一听，也十分恼怒地叫道："是我误踩了你，你干什么发那么重的咒？器物放在一起还有相碰的时候，何况人和人相处，哪能永远没有个闪失呢？你说明天日出时，我的头就要裂成七块，那好，我就偏不让太阳出来，你看着好了！"

由于那赖施了法术，第二天，太阳果然没有升起来。一连几天过去了，太阳仍没有出现。两个人由于心胸狭窄，不能宽宥对方，从而让整个世界都处在了一片漆黑中。

这个小故事告诉了我们一个深刻的道理：做人要大气、大度，不能够小肚鸡肠，否则对自己也不利。

宽以待人，历来被我国历史上的仁人贤士所推崇。"唯宽可以容人，唯厚可以载物。"有些人却是完全"严以待人，宽以律己"。

如果别人稍微做错了一点事情，就借题发挥，破口大骂，完全不顾他人感受，似乎别人就会一错再错，要把别人的尊严踩在脚下。如果自己做错了事情，则可以把黑的说成白的，或者干脆推卸责任。这种人恐怕没有几个人敢去沾惹。在人际关系中，这种小鼻小眼的行为正犯了大忌，一次两次的短期接触还好，长此以往则会招人烦。

曾有王姓的两兄弟，合伙在东莞开办制衣厂。兄弟俩苦苦经营了10年，眼看这家厂有了起色，财源滚滚而来，然而，弟媳却开始怀疑大伯多占了便宜，兄嫂也开始怀疑小叔子暗中多吞了钱财，不久，两兄弟便闹起了"家窝子"，又是争权，又是争钱。一个好端端的工厂，因为两兄弟最后都把心思用到了闹分家上，再也没人来管理。而市场经济是无情的，所以没过多久便关门倒闭了。

这个故事应该能够给人以警示，当你斤斤计较时，你会失去更多！

避免小气，就要做到心理平衡。这既是保持身心健康的良方，又是事业成功的重要条件。善于调节心理平衡的人，必然心胸宽广，不会计较于一时得失，什么伤心事、苦恼事统统都可置之度外。这样就能大度待人，公道处事，使生命的质量得到提高。反之，鸡肠小肚、心胸狭窄，动不动就落个心理不平衡，在这样的心态下生活，生活的质量必然会大打折扣。如果我们经常想一想"生命在于平衡"的道理，就有助于我们正确对待工作、生活中的诸多不如意之事。

清代学者张湖曾说："律己宜带秋风，处事宜带春风。"让我们多一些长远的目光，少一些狭隘的思维；多一些磅礴大气，少一些小肚鸡肠；多一些理解，多一些宽容，多一些主见，不轻易受别人的影响。这才是有为之人所必备的气质和胸怀。

克服狭隘，豁达的人生更美好

在生活中，常常会见到这样一类人：他们受到一点委屈便斤斤计较、耿耿于怀；听到别人的批评就接受不了，甚至痛哭流涕；对学习、生活中一点小失误就认为是莫大的失败、挫折，长时间寝食难安；人际交往面窄，只同与自己一致或不超过自己的人交往，容不下那些与自己意见有分歧或比自己强的人……这些人就是典型的狭隘型性格的人。

具有这种性格的人极易受外界暗示，特别是那些与己有关的暗示，极易引起内心冲突。心胸狭隘的人神经敏感、意志薄弱、办事刻板、谨小慎微，甚至发展到自我封闭的程度，他们不愿与人进行物质上的交往。心胸狭隘的人会循环往复地自我折磨，甚至会罹患忧郁症或消化系统疾病。

狭隘的人用一层厚厚的壳把自己严严实实地包裹起来，生活在自己狭小冷漠的世界里。他们处处以自我利益为核心，无朋友之情，无恻隐之心，不懂得宽容、谦让、理解、体贴、关心别人。他们始终生活在愤怒及痛苦的阴影下，阻碍了正常的人际交往，影响了自己的生活、学习和工作。因此，心胸狭隘的人必须学会克服狭隘，以一种豁达、宽容的态度对待生活中的人和事。

牛顿 1661 年中学毕业后，考入英国剑桥大学三一学院。当时，他还是个年仅 18 岁的清贫学生，有幸得到导师伊萨克·巴罗博士的悉心教导。巴罗是当时知名的学者，以研究数学、天文学和希腊文闻名于世，还有诗人和旅行家的称号，英王查理二世还称赞他是"欧洲最优秀的学者"，他把毕生所学毫无保留地传授给了牛顿。牛顿大学毕业后，继续留在该校读研究生，不久就获得了硕士学位。又过了一年，牛顿 26 岁，巴罗以年迈为由，辞去数学教授的职务，积极推荐牛顿接任他的职务。其实巴罗这时还不到花甲，更谈不上年迈，他辞职是为了让贤。从此，牛顿就成了剑桥大学公认的大数学家，还被选为三一学院管理委员会成员之一，在这座高等学府中从事教学和科研工作长达 30 年之久。他的渊博学识和辉煌的科学成就，都是在这里取得的。而牛顿这些成绩的取得与巴罗博士的教导、让贤密不可分。可以说，牛顿的奖章中，巴罗也有一半。

在这个故事中，巴罗用他的豁达和宽容为我们做了很好的榜样。那么，我们要怎么做才能克服狭隘、豁达处世呢？

1. 待人要宽容

在生活中，人与人之间难免会出现一些磕磕碰碰，如有的人伤了自己的面子，有的人让自己下不了台，有的人当众给自己难堪，有的人对自己抱有成见，等等。遇到这些事情，我们应该宽容大度，以促使他人反躬自省。如果针锋相对，互不相让，就会把事态扩大，甚至激化矛盾，于己于人都没有好处。"退一步海阔天空"，我们应该以这种胸怀，妥善处理日常工作、生活中遇到的问题，这样才能处理好人际关系，更好地享受工作、学习、生活的乐趣。

2.办事要理智

很多人不够成熟，遇事易受情绪控制，一旦受了委屈，遇到挫折，容易失去理智而做出一些蠢事、傻事来。因此，遇事都要先问问自己："这样做对不对？这样做的后果是什么？"多问几个为什么之后，就可以有效地避免"豁出去"的想法和做法，避免更大冲突的发生。

3.处世要豁达

凡事要想开一些，不能像《红楼梦》中的林黛玉那样小心眼儿，连一粒沙子都容不下。要胸怀宽广，能容人，能容事，能容批评，能容误解。遇到矛盾时，只要不是原则性的问题，都可以大而化小、小而化了。即使有人故意"冒犯"自己，也应以团结为重，冷静对待和处理。

每个人都希望自己开开心心、顺顺利利，可是生活中总会有那么一些小波澜、小浪花。在这种情况下，斤斤计较会让自己的生活阴暗乏味，只有宽容豁达些才能让自己每天的生活充满阳光。

豁达一点，我们的生活会更美好！

不失控

——情绪好了，人气来了

第一章

情绪不失控，人生才不失控

情绪是一种力量

情绪是十分强大的力量，它能够激励你实现自己的理想、克服最严重的创伤，也会让你因为小挫败而一蹶不振。

生活中，我们常常会发脾气，可回想起来，又有多少真正值得生气的事。也许时间可以让你的怒气平息，但因你的坏情绪而造成的伤害却成为难以愈合的伤口。而因坏情绪而累积的憾事，又有谁能够数得清呢？

人的一生都会有被枷锁困住的时候，而且这些束缚你手脚的枷锁通常又不易被察觉，于是人就深陷其中而难以自拔，言行举止完全被牵绊住了。这一股拉扯的力量，总是让人有心无力，人生的航程也因此而严重受阻。更为可怕的是，这些心灵的桎梏往往隐藏着一种极大的杀伤力，并且会逐渐腐蚀人的心灵，磨损人的志气，直到生活变得一团糟了，我们还找不到原因在哪里。

　　我们要明白，在生活中，难免会遭遇各种各样的事情，自然我们的情绪就会跟随着起伏。但如果我们任由自己陷在消极的情绪中，那么这些不良的情绪就会变成阻碍我们人生航程的桎梏。

　　举例来说，如果你身陷在激烈争吵中而不是正在悠闲地品一杯茶，难道你的行为不会有所不同吗？如果你买的彩票中奖了，而且数目不小，你会有怎样的反应呢？假设你遇到一个陌生人，毫无理由地向你大吼，前提是你并没有做出任何不妥的事情，你会做何反应？或者你和你的爱人争吵了一个晚上，第二天去公司上班，你的心情又是如何？答案可以有很多种可能，抱怨或是惬意，惊喜或是愤怒，这都要因人而异，因事而异，因为每个人有每个人独特的行事风格，因为情绪就是我们行动的基础。当强烈的情绪占据你的时候，你是不可能完全控制自己的情绪的，了解这一点很重要。我们都有不顺心的时候，每个人都会经历创伤或者失败，这是人生必须要面对的。人有生离死别，生活有酸甜苦辣，有高兴的事情存在，自然也会有沮丧的事情发生。

　　通常情况下，我们倾向于将各种层次和不同程度的感受分成两大类别，而这两大类别往往是以对立的形式出现的，如：黑与白、好与坏、善与恶、是与非，否则我们会觉得它们含糊其词，难以确定。分完类别之后，接下来我们的情绪会依据我们对周遭世界的诠释来指导行为。然而这些情绪的出现并不是有意识的，它们的反应是受过去经验所塑造的模式的影响所给出的一种潜意识行为。

　　我们经常说人的情绪多变，其实我们往往不是自己情绪的主人。情绪的发展和变化是我们因人因时因地因事而产生的。不同的情绪有不同的作用，它所具有的力量也会有所不同，有的给人带来鼓励，有的给人带来力量，有的给人带来认识，有的给人带来进步；有的助人成才，有的助人成功，有的助人成长，有的助人成熟；有的使人懂得珍惜，有的使人懂得爱护，有的使人懂得勤奋，有的使人懂得拼搏；有的让人勇敢，有的让人激情，有的让人理智。总之，我们的感受和需要是在多方面、多角度、多条件中转换选择的，有很多事是在影响感染中发生的，我们的情绪也随之出现。要知道，什么样的人和事联系起来，就会有什么样的情况和结果。

要知道情绪的力量可以制约人，也可以成就人，更可以损害人，因此，把握情绪有利的一面，获取最大化的情绪力量，对我们尤为重要。

无论是好是坏，情绪都有传染性

假如有一天，寝室里某一个成员情绪很好，或者情绪很坏，其他成员就会受到感染，产生相应的情绪反应，于是就形成了愉快、轻松或者沉闷、压抑的寝室氛围。

情绪的好与坏对一个人的影响是很大的。因为每一种情绪都犹如强大的病毒一样，很容易影响自己既而传染他人。笑脸对人，回收的是笑脸；恶语对人，回收的是恶语；认真地对待生活，生活也会给你以真诚的回报。有一只流浪狗，无意中闯进一间四壁都镶着玻璃镜的屋子。

突然看到很多的狗同时出现，它大吃一惊，这只狗便龇牙咧嘴，发出阵阵低沉的吼叫。

　　而镜子里所有的狗看起来也十分生气，每只狗的脸上也出现怒吼的面孔。这只狗一看，简直吓坏了，不知所措，开始绕着屋子跑起来，一直跑到体力透支，倒地死亡。其实，真正危害到这只狗的是自己的情绪，要是这只狗肯对镜子摇几下尾巴，情形就会完全改观，镜子里的狗必然会回报它以同样友善的举动。我们对待生活也是一样，镜子就如同他人一样，我们呈现出怎样的情绪，就会被怎样的情绪回馈。如果我们是喜悦的，我们传染他人的也同样是喜悦，大家一起心情舒畅；如果我们是悲伤的，我们传染给他人的也同样是悲伤，当悲伤聚集到一起的时候，我们的内心会因为承受不住巨大的压抑而濒临崩溃的边缘。

　　试着对你所处的恶劣环境，积极主动地表达心中的善意，情形必然会有所改善。在与陌生人交往中，我们常常会将一些不良情绪带给对方，使对方不是时不时地抱怨就是坐立不安。这时候我们与陌生人的交往就变得十分困难。

　　许多人都知道一些交际的心理知识和一些交际技巧，每当他们自信地和人打交道时，结果却因为自己不能保持良好的情绪而让人际交往的结果大打折扣。原因很简单，他们注意到了很多技巧性的东西，却忽略了自己的情绪，这些或紧张或烦躁，或失落的情绪直接反映到一些细节上，例如，双眼暗淡无神，不时地看手表，表情僵硬等，这些小细节都会给对方无聊、紧张、冷漠的心理暗示，在这种暗示的影响下，他们原本的情绪就会不自觉地被牵引，变得十分糟糕，进而对交往产生障碍。

当然，事物都有两面性，糟糕的情绪表现会破坏你和陌生人的交往，乐观积极的情绪又会感染对方。正确利用情绪效应，让它为你所用，就能帮你给别人留下很好的印象。

掌握自我情绪，对你的社交会有很大帮助。现代心理学研究发现，人的情绪有两个关键时刻，一是早起时，一是晚上就寝前。如果能把握好这两个情绪的关键时刻，在这两个时刻保持良好的心情，稳定自身情绪，就很容易获得一整天的好心情。

情绪平衡时，你才是充满能量的人

情绪是一种能力。在生活中，我们拥有很多能力，在很多事情上，我们都有自信、勇气、冲动，或者是冷静、轻松、悠闲，或者是坚定、决心，也或者是创造力、幽默感，更或者是敢冒险、灵活、随机应变……所有这些能力，细想一下，我们就会发现这些都来自一份感觉，一份内心的感觉。而这份感觉就是情绪，情绪可以支配我们的自身资源，发挥这些资源的最大潜能。

我们每时每刻都在感受着情绪带给我们的力量，它存在于我们的无意识中，不易被我们发觉。比如，观看一场扣人心弦的体育比赛会使人产生兴奋和紧张；失去亲人会带来痛苦和悲伤；完成一项任务或工作后会感到喜悦和轻松；受到挫折时会悲观和沮丧；遭遇危险时会出现恐惧感；面对敌人的挑衅时会产生压抑不住的愤怒；在工作不称心时会产生不满；在美好的期望未变成现实时会出现失落感；而在面临紧迫的任务时会感到焦虑。这些感受上的各种变化就是我们通常所说的情绪。

当一个人受到批评时，可能会出现悲伤、沮丧、不满等情绪；当一个人获得成功时，一般会产生兴奋、欢快、喜悦、满足等情绪。我们已经知道了情绪是很复杂的，人类有数百种情绪，其间又有无数的混合变化与细微差别，情绪之复杂远非语言能及。

情绪首先表现为肯定和否定的对立性质，也就是情绪具有两极性。如满意和不满意、愉快和悲伤、爱和憎，等等。而每种相反的情绪中间，存在着许多程度上的差别，表现为情绪的多样化形式。处于两极的对立情绪，可以在同一事件中同时或相继出现。例如，儿子在战争中牺牲了，父母既体验着英雄为国捐躯的荣誉感，又深切感受着失去亲人的悲伤。

情绪的能量也分正负极：一种是积极的，一种是消极的。积极、愉快的情绪使人充满信心，努力工作，消极的情绪则会降低人的行动能力，如悲伤、郁闷等。消极情绪不仅影响自己的表情和理智，也会影响他人对你的看法。

然而，对于不同的人，同一种情绪可能同时具有积极和消极的作用。例如，恐惧会引起紧张，抑制人的行动，减弱人的神志，但也可能调动他的精力，向危险挑战。

每一种情绪都有其对立面。比如：

1. 激动和平静

激动的情绪表现强烈、短暂，然而可能是爆发式的，如激愤、狂喜、绝望。人在多数情景下处在安静的情绪状态，在这种状态下，人能从事持续的智力活动。

2.紧张和轻松

紧张决定于环境情景的影响，如客观情况赋予人的需要的急迫性、重要性等，也决定于人的心理状态，如活动的准备状态、注意力的集中、脑力活动的紧张性等。一般来说，紧张与活动的积极状态相联系，它引起人的应激活动。但过度的紧张也可能引起抑制，引起行动的瓦解和精神的疲惫。

情绪是很不稳定的，经常呈现出从弱到强，或由强到弱的变化，如从微弱的不安到强烈的激动，从快乐到狂喜，从微愠到暴怒，从担心到恐惧，等等。情绪的强度越大，整个自我被情绪卷入的趋向越大。不同的情绪表现形式，能够成为度量情绪的尺度，如情绪的强度、情绪的紧张度、情绪的激动程度、情绪的快感程度、情绪的复杂程度等。

情绪的稳固程度和变化情况，就是情绪的稳固性。情绪的稳固性与情绪的深度也是密切联系着的。深厚的情绪是稳固持久的。浅薄的情绪即使很强烈，也总是短暂的、变化无常的。

情绪不稳固首先表现在心境的变化无常上。情绪不稳固的人，情绪变化非常快，一种情绪很容易被另一种情绪所取代，人们经常用"喜怒无常""爱闹情绪"等来形容；其次还表现在情绪强度的迅速减弱上。这类人开始时往往情绪高涨，但很快就冷淡下来，人们经常用"转瞬即逝""三分钟热度"来形容他们。

情绪的稳固性是性格成熟的标志之一，稳固的情绪是获取良好人际关系的重要条件，也是取得工作成绩和人生成功的重要条件。

情绪对人的生活能发生作用，这就是情绪的效能。情绪效能高的人，能够把任何情绪都化为动力。愉快、乐观的情绪可以促使人们积极工作，即使悲伤的情绪，也能促使他"化悲痛为力量"。情绪效能低的人，有时虽然也有很强烈的情绪体验，但仅仅停留在体验上，不能付诸行动。

愉快、乐观等积极性情绪使人陶醉于这种氛围中，从而延迟、停止、放弃行动；悲伤、抑郁的情绪则使其不能自拔，也使其延迟、停止、放弃行动。

人的情绪与智力有密切关系，没有智力的人很难说情绪是什么样的，所以，情绪也是智力活动的结果。人们很难找到没有智力的人的情绪。

情绪占据了人类精神世界的核心地位。在任何时候，人们都不会忽视情绪的力量。著名的泰坦尼克号沉没的时候，年老的船长平静地留在轮船上，安心地面对死亡，他的行为感动了许多人，致使这些人在大灾难和即将来临的死亡面前，表现得异常镇静，这充分显示了情绪在人类生活中的重要性。

了解了情绪的正负能量所带来的巨大作用，我们就应该意识到情绪对我们人生的影响。平衡自我情绪，不要被情绪冲昏头脑，才是我们获取情绪能量的法宝。

情绪影响了你的行为

情绪是动机的前提，如果没有情绪就不可能产生动机。试想一下，如果你对某件事情根本没有注意，没有喜欢、讨厌、高兴、失望等情绪的产生，你就不会产生动机，更不会产生带有动机的行为了。有的时候，我很清楚自己所做的事只能让我变得更加痛苦。比如，我会被窗外的某些噪音分散心神，但不知为何，那反而给了我更多时间去体会那一刻的恶劣心情，我很惊讶自己居然会变成这样。

"有一天，我躺在床上心情恶劣地翻动身体，晃动的一刹那让我想起了几分钟之前在被窝里的感觉——那种舒适和温暖，可以裹着温馨的被子和枕着柔软的枕头安睡的感觉。我意识到在那一刻，这个世界是美好的，但是这种感觉怎么会消失了呢？于是，我反复地对自己说，想这些事情完全没有用处。但是我立刻又对自己说，那么，为什么我总是想着这些事呢？然后我又开始了新一轮的思考，自己究竟出了什么问题。"这是安琪在描述自己抑郁情绪时说的话。她明白自己对于悲伤事件的反应正是令她更痛苦的原因。她努力地想要改善状况——拼命地思索自己的思想出了什么问题——这样只会加剧她的悲伤情绪。

悲伤是人类自然的心理状态，是人与生俱来的一部分。我们既不回避也没有必要去摆脱它。真正的问题的根源在于悲伤出现之后所发生的事。问题不在于悲伤本身，而在于之后我们对它的反应。

情绪是行动的信号，当情绪对我们说，某件事情不太对劲的时候，我们心里肯定会感到很不舒服。情绪的作用本来就应当如此。它是让我们采取行动的信号，督促我们做些什么来纠正情境的偏差。

如果这种信号没有让你感到不舒服，不能促使你采取行动的话，你还会在一辆快速驶来的卡车前面跳开吗？你还会看到有孩子被欺负时出手相助吗？你还会在看到厌恶的事物时掉头走开吗？只有当大脑的记录表明危机已经解除的时候，这种信号才会消退。

当情绪的信号表明问题就"在那里"——可能是一头怒气冲冲的斗牛或者大举压境的龙卷风云——我们会立刻采取行动避免或者逃离这个场景。

大脑会调动一套自动化反应的程序来帮助我们处理危机，摆脱或者避免危险的侵袭。我们把这种最初的反应模式——也就是内心感到不安，想要逃避或者消除某样事物的反应——叫作厌恶。厌恶会迫使我们采取一些适当的措施来处理危机情境，进而把警报信号关掉。从这个层面上来说，它可以为我们所用，有时甚至可以救我们的性命。

但是，当情绪性反应指向"自我"——包括我们的想法、情绪以及自我意识的层面时，同样的反应就可能会造成完全相反的结果，甚至危及我们的生命。没有人能够摆脱自身经验的追赶。也没有人能够通过威胁恐吓的方式把那些烦恼、郁闷和威胁性的想法和感受赶跑。

当我们对消极的想法和情绪采取厌恶的反应机制时，负责生理躲避、屈从或者防御性攻击的大脑环路（大脑的"逃避"系统）便被激活了。而这个环路一旦开启，身体就会像准备逃跑或者战斗时那样紧张起来。当我们的全副精力都用于如何摆脱悲伤或者厌恶情绪时，我们的所有反应都是退缩的。头脑被迫关注着这类摆脱情绪的无效工作，将自己彻底封闭了起来。于是，我们的生活经验也变得越来越窄。不知怎么的，就像被挤进了一个小盒子。我们的选择面也会变得越来越窄。你会渐渐感到和外界接触的可能性正在不断地被削减。

消极情绪是可怕的，它就像眼罩一样，蒙蔽了我们的双眼，让我们看不到正确的方向，从而走上错误的道路。

情绪可以改变命运

不要忽视自己的情绪，因为每一种情绪背后都蕴藏着一种强大的力量。情绪可以改变命运，这绝不是危言耸听。好情绪可以激发一个人的斗志，坏情绪则会打压一个人的进取心，选择哪种情绪，就预示着我们将成为怎样的人。

真正极富天资、得天独厚的人是极为少见的，许多的成功人士都是很普通的人，他们的成就往往要归功于他们良好的情绪。罗丹出生在一个贫苦的家庭，他酷爱画画，但他目不识丁的父亲却一心想让他成为一个能干活儿养家的男人，并不指望他成为什么画家。当他得知罗丹背着他偷偷学画后，竟高举着皮鞭逼着罗丹把他画的画和姨妈送的画笔扔进火炉里。

进了校园的罗丹因为把时间都用在了画画上，他的学习成绩很不好，于是，老师只好禁止他画画。一次，罗丹画了一幅罗马帝国的地图，被教师用戒尺狠狠揍了一顿，小手被打得通红，以致一个星期不能拿笔。

后来，罗丹在大姐的帮助下，他终于进了一所免费美术学校学画。其中的一名教师勒考克是巴黎最杰出的教师，他厌恶美术学院死板僵化的教学方式，但是，他的这种行为却引起很多绘画大家的不满，也让罗丹以后的艺术道路受到了影响。当然，这是后话。

由于没有钱买颜料，罗丹不得不放弃自己钟爱的绘画。勒考克觉得罗丹是一个很有前途的学生，觉得他因为买不起颜料而终止学习非常可惜，于是就动员罗丹到雕塑室进行训练。灰心丧气的罗丹被勒考克严厉地数落一通后，跟随老师进了雕刻室。面对雕刻室满地湿漉漉的黏泥、橡皮的胶泥、赤褐色的陶土和一块块的大理石，以及好些梯子、支架和刀具，罗丹一下子被这个新鲜的世界吸引住了。

有了梦想的罗丹暗自告诫自己：这次不管怎么样，也不能半途而废。他每天从巴黎的这一头赶到另一头，对这座城市的街道、广场、花园、大桥和古代建筑，还有著名的塞纳河两岸的大道，他都满怀深情，了如指掌。他随身携带的小本子上画了成千上万幅写生。他没有休息日，星期六晚上泡在家里根据记忆画想要雕塑的人物草图，星期天则整天待在家里用黏土进行创作。

一晃 3 年过去了，罗丹请求勒考克推荐他考美术学院。在得到老师的同意并得到另一位雕塑家的推荐后，罗丹信心十足地去参加美术学院的考试。考试要求每天用两个小时总共在 6 天内完成整个人像，罗丹觉得这是做不到的事情，但还是抓紧时间干了起来。两天过去了，他才在纸上画好了草图，而多数考生已塑完了一半，但他们的作品都显得光滑而没有生气。在最后一天，罗丹的作品虽然没有完全塑成，但他感到已是所有考生中最好的。

但是，罗丹的报考表上写着"落选"。第二年、第三年，罗丹的报考表上依然写着"落选"这两个字。

罗丹泪眼模糊。当他跟跟跄跄地走出考场时，一位学画的朋友告诉他："你是个天才的雕塑家，但因为你是勒考克的得意门生，所以他们永远也不会录取你，否则就等于他们赞成勒考克的艺术主张了。"

尽管罗丹此时几乎痛不欲生，但是他及时调整自己的不良情绪，继续投入工作中。直到一年后，勒考克把自己视若生命的工作室交给了罗丹。

罗丹终于用他的智慧和刀具，在世界雕塑史上留下光辉一页的同时，也使自己成为一尊不朽的雕像！可以想象，如果面对父亲的责骂、经济的拮据、生活的艰苦以及美术学院的排斥，罗丹退缩了、消沉了，甚至是放弃了，那么世界上会永远失去一位伟大的雕塑家。

歌德曾说过："只有两条路可以通往远大的目标，得以完成伟大的事业：力量与坚忍。"力量只属于少数得天独厚的人，但是苦修的坚忍，却艰涩而持久，能为最微小的我们所用。正因为我们有了良好的情绪控制力才得以坚持自我，永不放弃，才能与糟糕的际遇不懈而顽强地斗争。因为它那沉默的力量，是随时间而日益增长的不可抗拒的强大力量。最终，我们会取得胜利。

重新认识自己的情绪，找到情绪中对我们有利的一面，发掘它所暗藏的能量，然后运用这份强大能量来改变我们的命运。

好情绪造就好人生

牛顿说："愉快的生活是由愉快的思想造成的，愉快的思想又是由乐观的个性产生的。"的确，生活是你自己的，选择快乐还是痛苦都由你决定。要想赢得人生，就不能总把目光停留在那些消极的东西上，那只会使你沮丧、自卑，徒增烦恼。苏珊娜是由心态积极而且又善于解决问题的母亲抚养成人的。母亲给人鼓舞的教育对苏珊娜的成长起了莫大的作用。

苏珊娜刚刚4岁的时候，父亲就因心脏病去世了。当时，她的母亲只有27岁，带着两个孩子，经济拮据。突如其来的厄运给她的打击几乎是致命的，使她一度陷于绝望。但她终于重新振作起来，鼓足勇气活下去。

在苏珊娜的父亲去世后的好几年里，她们家非常困窘，怎样勉强填饱肚子是母亲最担心的事。可是，母亲没有为家境贫穷而烦恼，而是想办法去挣钱，在家里为一个当律师而雇不起全日秘书的邻居做打字工作。苏珊娜也常常想办法做一些事情来贴补家用，她8岁的时候，就教邻居一些还没上学的孩子识字。那些孩子的父母亲很感激，便供给她食宿费用。

苏珊娜最敬佩的，就是母亲那种乐观的态度。

她记得，如果遇到五件难题，母亲就会说："没遇到六件难题，这不是走运吗？"当时买不起汽车，母亲就说："咱们住得离公共汽车站这么近，难道还不满意吗？"过节的时候没钱给她买新衣服，母亲就用家里的旧衣服拼拼凑凑地做一件，然后就表扬自己的手艺好。她高高兴兴地处理这些问题。苏珊娜在学校上学的时候，有一次没被选上班干部。母亲说："好呀，现在有时间来筹划搞一次比较成功的竞选运动了，下次选举你一定能够当选。"

多年耳闻目睹母亲这样乐观积极地处理问题，苏珊娜也具有了积极的生活态度。凡是遇到困难的时候，她就以学来的乐观情绪去对待，战胜困难。母亲微笑的脸和充满鼓励的话，总是给她鼓劲，增加她的勇气。每当她情绪消沉，抱怨不满或者在学校里碰到难办的事情，对母亲的回忆就会帮她坚持下去，然后得到一个很好的结果。不管是对待工作的问题、与他人交往的问题，还是对待她自己的问题，都是这样。研究发现，乐观或是悲观的生活态度关系到一个人的生活质量和身体健康。研究对象先是在 20 世纪 60 年代做了性格测试。30 年之后，他们又参与了一次后续健康状况评估。研究人员发现，30 年后，研究对象中乐观主义者不但身心健康状况要好于悲观主义者，而且乐观主义者的平均寿命要比后者长。

人处在逆境中，要学会保持心理平衡，切记不要被坏情绪控制。要认识到，事情已经发生，任何忧愁哀伤都不能改变事实，没有任何实际意义。我们应该学着从多种角度来看待问题，逆境未必就一定是坏事，重要的是自己仍然有希望。

生活中，有许多人在遇到不愉快的事时，或心情不佳时，常常默不作声，不肯把自己的不快乐告诉别人，即便是最亲近的人。这种方式很不好。情绪就像洪水，只有疏导才能真正解决问题，想要压抑或阻止都是糟糕的做法，其结果往往是于他人无益，于已更有害。主动向亲近的人倾诉自己的心里话，常是宣泄情绪的好办法，情绪好转了，许多事也就解决了。

消极情绪就像是污染源，它会把你的人生弄得乌烟瘴气，既然我们认识到了消极情绪的危害，就应当有意识地避开消极情绪，当它出现时，可以有意多想一些高兴的事，自觉地用乐观情绪来代替悲观情绪。乐观情绪调动起来就会使大脑皮层处于兴奋状态，可以逐渐淡化消极情绪。

乐观是无形的，但它是有力量的，而且乐观的力量又是超乎想象的。乐观的人就是这样变通地看待生活和问题，他们总能在困难和不幸中发现美好的事物。他们相信自己，相信自己能主宰一切，正如哈佛教授亨利·霍夫曼所说："你是否快乐或痛苦，不完全取决于你得到什么，更多地在于你用心去感受到了什么。"第三节病由心生，情绪决定健康心理疾病时代的危机

健康包括身体健康和心理健康，只有身心都健康的人才称得上是真正健康的。在生活中，经常发现有的人只重视身体健康，却忽视心理健康。

俗话说："健身首先要健心。"因此，从某种意义上来说，心理健康比身体健康更重要。也许你会问："心理健康与否和情绪又有什么关系呢？"其实，经心理学家研究表明，导致心理不健康的罪魁祸首就是不良情绪。晋朝有个人叫乐广。有一天，一个好朋友去看望乐广，乐广拿出酒来招待他，两人边喝边谈。可客人好像有什么心事，喝得很少，话也谈得不多，一会儿便起身告辞了。

这个朋友回到家里便生起病来，请医服药也不见效。乐广得

知这个消息，立刻去他家探视，询问病因。病人吞吞吐吐地说："那天到你家喝酒的时候，我仿佛看见酒杯里有条小蛇在游动，当时感觉特别紧张，心里也很害怕。喝了那酒，回来就病倒了。"乐广想了想，便热情地邀朋友再去他家饮几杯，并保证能治好朋友的病。

这一次，两人仍坐原位，酒杯也放在原处。乐广给客人斟上酒，笑问道："今天杯里有无小蛇？"客人看着酒杯，紧张情绪不受控制，他立刻跳了起来，大叫道："有！好像还有。"乐广转身取下挂在墙上的一张弓，再问道："现在，蛇影还有吗？"原来酒杯里并没有什么小蛇，而是弓影！病人恍然大悟，疑惧尽消，病也就全好了。乐广的朋友得的就是心理疾病，而这种疾病的根源就是他的不良情绪。想想看，他因为误以为自己的酒杯里有蛇，而让坏情绪钻了空子，他开始紧张、恐惧，而这些情绪得不到化解，心理自然就有了负担，得病也就是自然而然的了。

有人花了 38 年的时间做了一项调查，结果显示，心情舒畅的人，其死亡率很低，而且极少得慢性病。而精神压力大的人，竟有三分之一因重病而去世。很多疾病，如高血压、心脏病、胃溃疡、肺结核、哮喘等发病的确与情绪有关。由此可见，人的心理健康与身体健康是相互联系、相互制约、相辅相成的。

1. 幻觉

这是一种没有现实刺激物作用于相应的感受器官而出现的一种虚幻的感知和体验，就是外界环境并不存在某种事物，而主体却坚持认为感知该事物的存在，因而是一种无中生有的虚假、空幻的感觉。幻觉有幻听、幻视、幻味、幻嗅、幻触等。有幻觉的人可能完全受幻觉所吸引，被幻觉命令所支配，出现种种反常的行动。

2. 妄想

这是毫无事实根据但是身处其中的人却坚定不移的病态想法，它是一种歪曲的信念，错误的判断和推理。像疑病妄想、关系妄想、钟情妄想、迫害妄想、嫉妒妄想等。病人对周围事物疑心重重，或者夸大自己的能力、地位和财产，尽管这种想法极端荒唐无稽，完全没有事实根据，但是病人却坚定不移。无论旁人怎样解释，甚至把无可辩驳的事实摆在他面前，也丝毫不能动摇或纠正他的错误信念和想法。

3. 兴奋

这是指病人情绪激动，活动增多，烦躁不安，说话时喋喋不休，骚动不安，有时会冲动起来，出现伤人毁物的破坏性行为。

4. 忧郁

这是指病人情绪低沉，精神沮丧，整天愁眉苦脸，唉声叹气，对周围事物漠不关心，丝毫不感兴趣。这样的病人有自责自罪的想法，悲观绝望，甚至会有自杀的念头和行为。

对于已经生病的人来说，心理因素起着十分重要的作用。这就是我们常说"心病还须心药医"的原因。患者自身有良好的心理状态，与医生密切配合，可使重病减轻，使绝症得到缓解。因此，在日常生活中，我们一定要积极主动地调节自身的心理活动，更好地适应不断变化的客观形势，只有长期保持较好的精神状态，才能健康快乐地生活。

第二章

管理好情绪，才能管理好人生

舒解情绪，防止乐极生悲

突然的狂喜，很可能导致"气缓"，即心气涣散，血运无力而淤滞，便出现心悸、心痛、失眠、健忘等一类病症。成语"得意忘形"，即说明由于大喜而神不藏，不能控制形体活动。清代医学家喻昌写的《寓意草》里记载了这样一个案例："昔有新贵人，马上扬扬得意，未及回寓，一笑而逝。"《岳飞传》中牛皋因打败了金兀术，兴奋过度，大笑三声，气不得续，当即倒地身亡。

2006年中秋佳节，64岁的梁伯因为几个外出工作的儿女都回家欢庆中秋，喜庆之余几杯酒落肚，到晚上11时许，他突然出现心前区痛、大汗淋漓，急送市中医院内科抢救治疗。诊断为急性心肌梗死并心律失常、心力衰竭。此时，梁伯已四肢冰冷，呼吸困难，全身重度发绀，处于心源性休克。医生及时制订了严密的救治方案，经过一系列积极抢救，梁伯的病情才逐渐稳定下来。

但医生、护士还来不及擦干脸上的汗水，听到有人急呼："医生救命！"随即看见，有一位姓江的病人因急症送进内科来了。原来，江亚婆家也是儿孙欢聚一堂，但素有高血压、心肌病的江亚婆，面对这喜庆情景一时难以自持，以致引发心脏病、心力衰竭。入院时心率仅 30 ~ 40 次／分，四肢冰冷，神志不清。内科医生沉着镇定，病情很快得到控制。

这两个病例提醒人们，大喜、狂喜不利于健康。过度兴奋，也会把人推向绝境。而且，对于时常经受巨大压力的人来说，过度兴奋比过度悲痛离"绝境"更近！这是因为人的心理承受能力，同人的生理免疫能力有相似之处。经常出现的巨大压力，如同经常性的病菌入侵，使心理的抗御力如同人体里的白细胞那样经常处于备战与迎战的活跃状态，故心理虽受压抑但仍能保持正常生存的状态，不致一下子崩溃。

过度兴奋则不同，对于心理经常承受巨压的人来说，与形成的被压抑的心理反差是那么的巨大，使心理状态犹如从高压舱一下子获得减压，难免引起灾难性后果。那些挣扎太久、立即要达到竞争优势终点的人，经过多年奋争、屡屡遭难而终于昏厥在领奖台上的人，那些企盼达到最终目标而变得疯癫的人，那些负重多年不得解脱而一旦获得解脱竟不能正常生活的人……都是从过度兴奋这一条道路走向绝境的。

为了防范上述悲剧的发生，防止过度兴奋，同防止过分悲痛同等重要。这就要求我们学会释放心理压力。为了释放心中的狂喜，可以借助于山川的明媚、朋友的温情乃至心灵自设的"拳击台"，有些心理承受能力较差而智慧高超的人，或者由于体质虚弱而一时无法调和心理巨变因素的人，常常使用保守的方式来应对突降的幸运所可能引发的过度兴奋，这不失为一种明智之举。

德国作家亨利·曼在他的《亨利四世》一书中写道："没有比兴奋更接近绝望的了……"这是很耐人寻味的。在成败频率出现越来越高的社会中，这样的提示颇具警示意义。

生气等于慢性自杀

现代人都知道气大伤身，而且我们的老祖宗很早就明白生气是最原始的疾病根源之一，不但浪费身体的血气能量，更是人体患各种疾病的原因所在。在《黄帝内经》灵枢篇中，就有相关记载："夫百病之所始生者，必起于燥湿寒暑风雨，阴阳喜怒，饮食起居。"

长期生气会在人的身上留下痕迹，从外表就能看出来，比如一个人长期脾气火暴，经常处于发怒状态，那他多数会秃顶。头顶中线拱起形成尖顶的头形者是生气比较严重的，而额头两侧形成双尖的 M 字形的微秃者，也是脾气急躁的典型。

生气为什么会造成秃顶呢？中医认为，人发脾气时，气会往上冲，直冲头顶，所以会造成头顶发热，久而久之就会形成秃顶。严重的暴怒，有时会造成肝内出血，更严重的还有可能会吐血，吐出来的是肝里的血，程度轻一点的，则出血留在肝内，一段时间就形成血瘤。这些听起来虽然可怕，但千真万确。

有些人经常生闷气，这会使得气在胸腹腔中形成中医所谓"横逆"的气滞。生闷气的妇女会增加患小叶增生和乳癌的概率。

还有一种人经常处于内心憋着一股窝囊气的状态，他们外表修养很好，在别人眼里从来都是好脾气的人，但心里经常处于生气或着急的状态。这容易造成十二指肠溃疡或胃溃疡，严重的会造成胃出血。这样的人，额头特别高，而且额头上方往往呈半圆形的前秃。

有些人经常感觉腹部胀痛，很多情况下以为是肠胃的原因，其实是因为其气血较差，一生气，气就会往下，从而使得腹部胀痛。

中医认为，怒伤肝，肝伤了更容易生气，而生气会造成肝热，肝热又会让人很容易生气。两者会互为因果而形成恶性循环。因此，不要长期透支体力，要注意调养血气，这样才能使人的脾气变得比较平和。

身体虚弱的人，有时候一生气就会有生命危险。例如，痰比较多的病人，一生气就会使痰上涌，造成严重的气喘，很容易窒息死亡。由此可见，生气会使身体出现许多问题，因此，日常生活中一定不要生气。所谓的不生气并不是把气闷住，而是修养身心，开阔心胸，使得面对人生不如意时，能有更宽广的心胸包容他人的过错，根本没有生气的念头。如果生活或工作的环境让人无法不生气，那么可以考虑换个环境。

如果实在无法控制生气，那么如何在生气后将伤害降到最低呢？最简单的方法，就是生了气后，立刻按摩脚背上的太冲穴（在足背第一、二跖趾关节后方凹陷中），可以让上升的肝气往下疏泄，这时这个穴位会很痛，必须反复按摩，直到这个穴位不再疼痛为止。或者吃些可以疏泄肝气的食物，如陈皮、山药等，也很有帮助。最简单的消气办法则是用热水泡脚，水温控制在 40℃～ 42℃，泡的时间则因人而异，最好泡到肩背出汗。

把心胸打开，想想有什么事值得你大动肝火地生气呢？生气就是用别人的过错来惩罚自己，这是多么愚蠢的行为啊！有些人因为生气而把命都丢了，比如三国里那个周瑜，与其说他是气死的，还不如说他是"笨"死的。因此，就算有天大的让你恼火的事，为了健康，也要以广阔的心胸去消灭心中的怒火。

做情绪的调节师

情绪可能会给我们带来伟大的成就，也可能带来惨痛的失败，我们必须了解、控制自己的情绪，千万不要让情绪左右我们自己。能否很好地控制自己的情绪，取决于一个人的气度、涵养、胸怀、毅力。气度恢宏、心胸博大的人都能做到不以物喜，不以己悲。

激怒时要疏导，平静；过喜时要收敛，抑制；忧愁时宜释放，自解；思虑时应分散，消遣；悲伤时要转移，娱乐；恐惧时寻支持，帮助；惊慌时要镇定，沉着……情绪修炼好，心理才健康，心理健康了，身体自然就健康。被人津津乐道的"空嫂"吴尔愉是个控制情绪的高手。她的优雅美丽来自一份健康的心态。她认为，遇到心里不畅快，一定要与人沟通、释放不快。

如果一个人习惯用自己的优点和别人的缺点比，对什么都不满意，却对谁都不说，日积月累，不但她的心情很糟糕，就是她的皮肤也会粗糙，美貌当然会减半。所以，有不开心、不顺心的时候，一定要找一个倾诉的伙伴。不但自己能一吐为快，朋友也能从旁观者的角度给你建议，让你豁然开朗。

在工作中，吴尔愉更善于控制情绪，让工作成为好心情的一部分。飞机上常常遇见刁钻、挑剔的客人。她总是能够让他们满意而归。她的秘诀就是自己要控制好情绪，不要被急躁、忧愁、紧张等消极情绪所左右，换位思考，乐于沟通。

有一位患上皮肤病的客人在飞机上十分暴躁，其他空姐都被他惹得生起气来。此时吴尔愉却亲切地为他服务，并且让空姐们想想如果自己也得了皮肤病，是否会比他还暴躁。在她的劝导下，大家都细心照顾起这位乘客。做情绪的调节师，人的情绪无非有两种：一是愉快情绪；二是不愉快情绪。无论是愉快情绪还是不愉快情绪，都要把握好它的"度"。否则，"愉快"过度了，即要乐极生悲。人有喜怒哀乐不同的情绪体验，不愉快的情绪必须释放，以求得心理上的平衡。但不能过分，不然既影响自己的生活，又加剧了人际矛盾，于身心健康无益。

当遇到意外的沟通情景时，就要学会运用理智和自制，控制自己的情绪，轻易发怒只会造成负面效果。

面临困境，不要让消极情绪占据你的头脑。保持乐观，将挫折视为鞭策你前进的动力，遇事多往好处想，多聆听自己的心声，给自己留一点时间，平心静气地想一想，努力在消极情绪中加入一些积极的思考。

累了，去散一会儿步。到野外郊游，到深山大川走走，散散心，极目绿野，回归自然，荡涤一下胸中的烦恼，清理一下浑浊的思绪，净化一下心灵尘埃，唤回失去的理智和信心。

唱一首歌。一首优美动听的抒情歌，一曲欢快轻松的舞曲或许会唤起你对美好过去的回忆，引发你对灿烂未来的憧憬。

读一本书。在书的世界遨游，将忧愁悲伤统统抛诸脑后，让你的心胸更开阔，气量更豁达。

看一部精彩的电影，穿一件漂亮的新衣，吃一点自己喜欢的零食……不知不觉间，你的心不再是情绪的垃圾场，你会发现，没有什么比被情绪左右更愚蠢的事了。

生活中许多事情都不能左右，但是我们可以左右我们的心情，不再做悲伤、愤怒、嫉妒、怀恨的奴隶，以一颗积极健康的心去面对生活中的每一天。

走出情绪的死角

正确认识情绪，对情绪反应仔细分析，因为，有时候情绪会把我们带进一个越走越窄的胡同，如果我们不仔细看后面，很可能会误以为已经无路可走。一个人在森林中徒步行走，他眼角的余光突然发现了一条长而弯曲的东西，他脑子里蓦地窜出蛇的样子，下意识地跳到了一块石头上。但他仔细查看这个东西后，紧张的心情释然了，原来那是一根青藤而不是蛇。这个人在刚看到青藤时的反应

144

被称为应激反省，是大脑的情绪反应与智力反应的通路。在应激状态下，出现于大脑中的情绪与智力的通路是正常的、可以理解的。然而，有些人稍遇情绪波动就产生这种通路，产生感情冲动，以感情代替理智、以感情冲击理智。这类人很难调节自己的情绪。

苏珊娜最近的精神状态很糟糕，她不得不去咨询心理医生。

她第一次去见她的心理医生时，一开口就说："医生，我想你是帮不了我的，我实在是个很糟糕的人，老是把工作搞得一塌糊涂，肯定会被辞掉。就在昨天，老板跟我说我要调职了，他说是升职。要是我的工作表现真的好，干吗要把我调职呢？"

可是，慢慢地，在那些泄气话背后，苏珊娜说出了她的真实景况。原来她在两年前拿了个 MBA 学位，有一份薪水优厚的工作。这哪能算是一事无成呢？

针对苏珊娜的情况，心理医生要她以后把想到的话记下来，尤其在晚上失眠时想到的话。在他们第二次见面时，苏珊娜列下了这样的话："我其实并不怎么出色，我之所以能够冒出头来全是侥幸。""明天定会大祸临头，我从没主持过会议。""今天早上老板满脸怒容，我做错了什么呢？"

她承认说："就在一天里，我列下了 26 个消极思想，难怪我经常觉得疲倦，意志消沉。"苏珊娜直到自己把忧虑和烦恼的事念出来后，才发觉自己为了一些假想的灾祸浪费了太多的精力。烦恼是一种不良情绪，忘掉自我，专心投入你当前要做的事情上，可以让你克服紧张情绪，保持一种泰然自若的心态。许多事情过后，你会发现那不过是庸人自扰，根来没有你原先想象的那么复杂、困难。

何苦非要与自己过不去呢?

世上本无事，庸人自扰之。有些时候，并不是烦恼在追着你跑，而是你追着它不放，就像故事中的苏珊娜一样。大凡终日烦恼的人，实际上并不是遭到了多大的不幸，而是自己的内心对生活的认识存在着片面性。因此，要学会摆脱烦恼。

真正聪明的人即使处在烦恼的环境中，也往往能够自己寻找快乐。谁都会有烦恼的事情，但是，如果总是为不期而至的意外烦恼不已，或悲观失望，结果让自己的生活变得更糟糕，这样做不是很愚蠢吗?我们既然不能改变既成事实，为什么不改变面对事实，尤其是面对坏事的态度呢?

你只需要接纳你自己

世界上没有两个完全相同的人，正如世界上没有两片完全相同的树叶。天生我材必有用。每个人都有自己的特点和长处，每个人都有尚未发掘出来的潜力和特质。如果我们能时时刻刻提醒自己，"你是重要的"，我们的好情绪就可以轻松地被调动起来，然后我们就能发现和发挥我们自身的潜能，取得最后的成功。

不要被坏情绪牵着鼻子走，要相信你自己，你所做的事别人不一定做得来。而且，你之所以为你，必定是有一些相当特殊的地方。这些特质是别人无法模仿的。既然别人无法完全模仿你，就不一定做得了你能做的事。那么，他们怎么可能给你更好的意见呢?他们又怎能取代你的位置，替你做些什么呢?

所以，你要相信自己，每个人都是上帝的宠儿，上帝造人时即已赋予每个人与众不同的特质，所以每个人都会以独特的方式与别人互动，进而感动别人。记住！你有权力相信自己很重要。"我很重要。没有人能替代我。"杰拉德斯·图夫特还是一个8岁的小男孩时，老师问他："你长大之后想成为怎样的人？"他回答："我想成为一个无所不知的人，想探索自然界所有的奥秘。"图夫特的父亲是一位工程师，因此也想让他成为一名工程师，但是他没有听从。"因为我的父亲关注的事情是别人已经发现的东西，我很想有自己的发现，做出自己的发明。因为我相信自己是独一无二的，而且我会成功。"正是有着这样的渴求，当其他孩子正在玩耍或者在电视机前荒废时光的时候，小小的图夫特就在灯前彻夜读书了。"我对于一知半解从来不满足，我想知道事物的所有真相。"他很认真地说。图夫特告诫我们要保持自我，做独一无二的自我。正是这样，他才知道要走什么样的道路。在现实生活中，我们可以成为一名科学家，可以去做医生，但是一定要做独一无二的人，模仿他人只会葬送自己。

世界上没有完全相同的两个人，这就是人类能够取得各种各样成就的原因。所以我们没有必要来强迫一个人去做他不感兴趣的工作。如果你对科学感兴趣，你要尽量找一些好的老师，这点非常重要。即使是这样，你也不一定就会获得诺贝尔奖，这些事情是可遇而不可求的，你不能过于注重结果，也不要期望一定能取得什么样的成就，如果你这样做，只会让你的坏情绪轻而易举地击倒你。重要的是，我们要肯定自己。农夫家养了3只小白羊和 1 只小黑羊。3 只小白羊因为有雪白的皮毛而骄傲，而对那只小黑羊不屑一顾。

不但小白羊，连农夫也瞧不起小黑羊，常常给它吃最差的草料，时不时还对它抽上几鞭子。小黑羊过着寄人篱下的日子，也觉得自己比不上那 3 只小白羊，常常伤心地独自流泪。

初春的一天，小白羊和小黑羊一起外出吃草。不料寒流突然袭来，下起了鹅毛大雪，它们躲在灌木丛中相互依偎着……不一会儿，灌木丛和周围全铺满了雪。它们打算回家，但雪太厚了，无法行走，只好挤成一团，等待农夫来救它们。

农夫发现 4 只羊羔不在羊圈里，便立刻上山去找，但四处一片雪白，哪里有羊羔的影子啊。正在这时，农夫突然发现远处有一个小黑点，便快步跑过去。到那里一看，果然是自己的 4 只羊羔。

农夫抱起小黑羊，感慨地说："多亏小黑羊，不然，我的羊就可能要冻死在雪地里了！"这个故事告诉我们，小黑羊是独一无二的，所以农夫发现了它们，它们才不会被冻死在雪地里，其实人也一样，人们的不足与缺陷往往更能彰显出自己的独特。每个人都有自己的优点，不要为一点小小的不足而否定自己，陷入自卑情绪中，自怨自艾。比如有些人，在智商方面可能并没有什么超常的地方，但借助上帝之手，他们总有某个特质是超出常人的。这种时候，只有使这些能让自己成就大事的特质得到充分的发挥，人才有可能成长并且才能走向成功的道路。

从现在开始，喜欢你自己，愉快地接纳你自己。要知道，我们每个人都是一个独特的个体，在这个世界上是独一无二的，每一个人都有属于自己的位置。一个人只有全面地接受自己，才能走出自卑、自责的情绪沼泽，活出精彩的自己。

不要让他人影响你的情绪

秦朝末年，楚汉相争，在垓下，刘邦和项羽展开了决战。

刘邦军队把项羽的军队包围了。为了减弱项羽军队的抵抗力，谋臣张良在彭城山上用箫吹起悲哀的楚国歌曲，并让汉军中的楚国降兵随他一齐唱。

这些歌曲传到楚军营中，使楚军产生了缠绵的思乡之情。思乡之情蔓延开来，大家的斗志大为松懈。

思念家乡，人们就会无心恋战，谁都渴望赶快回到家乡和亲人团聚，从而开始厌倦战争，不愿意在这场几乎败局已定的战争中白白牺牲自己的生命。

谁都知道，战争中，士气是极为重要的。这首歌曲中浓浓的乡情，使楚军的战斗力大减。

结果许多项羽营中的士兵在这首歌曲的感染下，有的逃跑，有的斗志松懈，有的投降。

在这种士气下，楚军在战斗中败给了刘邦的军队，项羽兵败自刎于乌江，而刘邦得了天下。其实，四面楚歌这个成语许多人都知道，是形容四面受敌，绝望无援的景况。这一计谋是张良献给刘邦来对付项羽的，而且很成功。之所以获得成功，是得益于张良对情绪的把握。我们可以想想看，楚军被困重围本身就情绪低落，这也是他们心理防线最薄弱的时刻，在这样的情境下，士兵们听到来自家乡的歌谣，自然而然的会想到自己的亲人，是否安在。当这种强烈的悲痛情绪突破他们的底线时，失败也就在所难免了。实际上，张良是不自觉地利用了人类的"情绪共鸣"这一心理学原理，一举成功。

现代心理学指出，在外界作用的刺激下，一个人的情绪和情感的内部状态和外部表现，能影响和感染别人。白领丽人小璐有一次和一个客户在谈项目时，双方谈得非常投机，于是决定立刻签订合同。可当时再向公司主管申请已经来不及了。

于是，小璐出面与对方签订了合同。其实细算起来，那应该算是一笔大单。但后来公司却以她擅自越权为由，向她提出了解约。当时小璐无法理解为什么自己为公司带来了效益却仍得不到信任。

后来她从侧面了解到由于她的业务能力强，她在公司内部的对手向公司主管打小报告，说她与客户私下有金钱交易。而这次她与客户签订合同，让本来疑心就重的主管下决心"炒"掉她。对于这个决定，小璐非常气愤。但冷静下来后，她认为自己在这样的氛围下工作，对自己未来的发展会非常不利，这次的离职其实也是自己重新发展的一个大好契机。只是以自己被"炒"为结局，实在心里有所不甘。

于是她找到公司，要求由自己提出辞职。在谈自己的经验时，小璐觉得"被炒"未必是件坏事，知名企业有它吸引求职者的巨大魅力，但同时也要看清，作为知名企业，尤其是外企，它们有自己悠久的历史、完整的体系。这些在成为企业优势的同时，也会成为个人发展的绊脚石。小璐能控制自己的情绪，清醒地认识到自己的处境是很明智的。如果因为他人的影响，而使自己做出失控的事情来，那就是自己的损失了。

在生活中，一个人的情绪很容易会受到他人的影响，常常会因为一些对自己不利的事情而使情绪产生波动，比如：为什么老板总不给涨工资，为什么丈夫总是不理解自己，朋友为什么会在关键的时刻明哲保身，等等，这些事情会让我们一下子火药味十足。但这样的生气并不利于解决任何问题，反而会让我们的头脑不清醒，甚至做出一些让自己后悔终生的事情来。

世间任何事情都没有绝对，所以只要你心中看得开就行了，何必在乎别人怎么看、怎么说呢？如果我们以别人的看法为指南，存有这种潜意识，生活就会苦多于乐。毕竟无法尽如人意的事情太多了，如果只是为了别人而活，痛苦难过的就只有自己。既然如此，又为什么让他人来左右我们的情绪呢？

第三章

不失控的世界，好情绪帮你打开另一扇窗

情绪爆发是怎么回事

我们常常会有情绪不受控的时候，一旦这样的情绪爆发开来，我们会失去理智，而变得歇斯底里。这种不受控的情绪很容易搅乱我们原本平静的生活，让我们被其所累，烦恼不断。是什么原因导致我们出现这种状况的呢？是我们不了解情绪的真实面目所造成的。

一个能够克制自己性情、统治自己心灵的人是真正伟大的人，如同化学家以碱性来中和酸性一样，一个善于管理自己情绪的人能够消除忧虑，解除烦闷，我们说这样的人具有化学性心灵。

一个具有化学性心灵的人，是一个懂得克制的人。因为他知道怎样用欢乐的解毒药来消除沮丧的神志、忧郁的思想，用乐观的思想消除悲观的思想，用和谐的思想解决偏激的思想，用友爱的思想淘汰仇恨的思想。由于他懂得种种管理自己情绪的方法，他的心灵

便不会受种种痛苦。

很多人对于自己思想上的种种苦闷和烦恼，没有办法来消除，因为他不知道心灵上的化学原理。任何人都会面临心灵上的苦闷，不过到了一定时期，人应该以理性的力量来引导自己，用适当的方式来解除心灵上的各种苦闷。

心中充满了悲观、偏激、仇恨的思想时，就要立刻克制自己的情绪并且转到相反的思想上，也就是乐观、和谐、友爱的思想，这就好比把冷水管的龙头一拧开，沸水便会立刻降低温度。人应该能像调节水温一样调整自己的情绪，在水太热的时候就要把冷水管的龙头拧开。许多人以为思想只是影响着脑神经，其实不全都是这样。生理学家发现在盲人的手指头上，有着熟练敏感的神经。不少盲人有一种惊人的技艺，如能辨识织品精粗，甚至颜色的浓淡深浅，这可证明思想并不全限于脑神经。

生理心理学家的实验表明，一切邪恶的思想皆有损于人身的细胞。由于激怒而使神经系统受到损伤，有时要费上数星期才能恢复原状。无数的实验证明，一切健全、愉悦、和谐、友爱的思想，都有益于全身的细胞，有益于增进细胞的活力。至于相反的思想，如偏激、绝望、悲伤等，都有损于细胞的活力。

著名的生理心理学教授科斯说："不良的情感，对于人体的肌肉有着相应的化学作用。良好的情感对人生有着全面的有益的影响。每一个细胞组织都因脑神经中的思想而更改，而这种更改是属于永久的。"

对于水来说，没有一种污染是不能经由化学的方法来提纯的。

同样地，没有一种污浊、鄙陋的思想不能由健康的思想、正确的思想来肃清。偏激、悲观、不和谐都是思想的病症，而只有真实、美满、乐观的思想，才会提高人生的价值。一旦一个人有了健康的思想，那不健康的思想就无立足之地，因为健康的思想和不健康的思想是势不两立、水火不相容的。

人有些时候无力改变外界固有的事物，但是当你和外界发生不和谐的时候，你可以通过自制来让自己融入周围的不和谐中，人只有改变自己，克制自己的不良习惯和消极的心态，才能发现世界的美丽。

这些人为什么会失控

生活中有很多人都无法做到很好地控制自己的情绪，我们如果无法做自己情绪的主人，最后就会沦为情绪的奴隶，这是一件相当可怕的事情。

是什么原因导致了这些人情绪失控呢？原因有很多种：

有一些人在遇到重大挫折时往往会一蹶不振，严重的甚至不能正常工作、学习，给自己、家人和朋友带来很多麻烦。

有些人总是从自己的意愿出发，认为事情应该这样、必须这样。比如"我必须获得成功""别人必须很好地对我"等，一旦失败，便会陷入情绪的深渊，无法自拔。

有些人认为一件事情的发生会非常可怕、非常糟糕，是一场灾难。于是，整日愁眉苦脸、自责自罪而难以自拔。这种消极思想常常是与人们对自己、对他人及对周围环境的绝对化要求相联系而出现的。当他认为"必须""应该"的事情没有发生时，就无法接受这种现实，以致认为糟糕到了极点。

还有一些人时常被情绪所困扰，似乎烦恼、压抑、失落甚至痛苦总是接二连三地袭来，他们无法控制自己的情绪波动，于是频频抱怨生活对自己不公，企盼某一天欢乐突然降临。有一个人在海边看见一个老人在钓鱼，奇怪的是他把钓到的鱼又放回到海里面。

这个人很不理解老人这样做的目的，于是问老人："你为什么不把钓到的鱼拿去卖呢？"老人反问："我为什么要去卖呢？"那个人回答："这样你就能赚到钱了。"老人问道："有钱又能怎样呢？"那个人说："有钱好啊，有了钱你就可以赚更多的钱，然后到海边买个房子，天天可以吹海风钓鱼休闲，那样的生活多好啊……"老人笑了笑，说道："那你说，我现在在干什么呢？"这个故事寓意很深，原来我们一直在追求的东西，其实我们早已经拥有。当我们不再抱怨这个世界的时候，我们会用感激的眼光看待问题，就可以很好地控制我们的情绪。

许多人都懂得要做情绪的主人这个道理，但遇到具体问题就总是退缩不前："控制情绪实在是太难了。"言下之意就是："我无法控制自己的情绪。"这些否定自我的语言长期存在于头脑中，就会形成一种严重的不良暗示，可以毁灭你的意志，使你丧失战胜自我的信心。

还有的人习惯于抱怨生活："没有人比我更倒霉了，生活对我太不公平。"抱怨声中他得到了片刻的安慰和解脱："这个问题怪生活而不怪我。"结果却因小失大，让自己无形中忽略了主宰生活的职责。所以要改变一下对身处逆境的态度，积极坚定地对自己说："我一定能走出情绪的低谷，现在就让我来试一试！"这样你的自主性就会被启动，沿着它走下去就是一番崭新的天地，你会成为自己情绪的主人。

缺乏情绪自我控制能力的人必须明白，你为了更好地适应社会、取得成功，你就要学会控制自己的情绪情感，做情绪的主人。其实喜怒哀乐是人之常情，想让自己生活中不出现一点烦心之事几乎是不可能的，关键是如何有效地调整、控制自己的情绪，做情绪的主人，主宰自己的生活。但是，控制并不等于压抑，只要有积极向上的心态，不断完善自我，自然就可以控制自己的情绪。

任情绪失控、受坏情绪摆布的人往往是生活的弱者。学会控制情绪，做情绪的主人，以积极的心态去建立正面、正确的思想与行为，而不是让脾气发作，被情绪牵着走。冷静下来才能解决问题。因而我们要做一个能成熟地调控自己情绪情感的人。

保持内心的平静，首先不要去抱怨，而是锻炼自己怀着感激的心态看待问题。利用自己与生俱来的敏锐洞察力和判断能力去解决问题，不受控的情绪自然就会得到化解。

驯服不受控的情绪

不受控的情绪危害这样大，是否有解决的办法？要想得到答案，我们首先就要知道情绪的定义到底是什么。

也许"情绪"这个词经常出现在你的日常口语中，"情绪不好""情绪低落""没情绪"。那么，到底什么是情绪呢？

从心理学上解释，情绪是对生理性的需要是否得到满足而产生的态度体验。情绪就是情感，是与身体各部位变化有关的身体状态，是明显而细微的行为。情绪的种类很多，一般分为6类：

（1）原始的基本的情绪。具有高度的紧张性，它们是快乐、愤怒、恐惧和悲哀。

（2）感觉情绪。它们是疼痛、厌恶、轻快。

（3）自我评价情绪。主要取决于一个人对自己的行为与各种行为标准的关系的知觉，它们是成功感与失败感、骄傲与羞耻、内疚与悔恨。

（4）恋他情绪。这类情绪常常凝聚成为持久的情绪倾向或态度，它们主要是爱与恨。

（5）欣赏情绪。它们是惊奇、敬畏、美感和幽默。

（6）心境情绪。这是比较持久的状态。

其中，消极的情绪主要有：

（1）愤世嫉俗：认为人性丑恶，时常与人为敌。

（2）没有目标：缺乏动力，生活浑浑噩噩，犹如大海浮舟。

（3）缺乏恒心：不懂自律，懒散，时时替自己制造借口来逃避责任。

（4）心存侥幸：幻想发财，不愿付出，只求不劳而获。

（5）固执己见：不能容人，没有信誉，社会关系不佳。

（6）自卑懦弱：自我退缩，不敢相信自己的潜能，不肯相信自己的智慧。

（7）或挥霍无度，或吝啬贪婪：对金钱没有正确的看法。

（8）自大虚荣：清高傲慢，喜欢操纵别人，嗜好权利游戏，不能与人分享。

（9）虚伪奸诈：不守信用，以欺骗他人为能事，以蒙蔽别人为嗜好。

这些消极情绪会给人带来很大的危害，如果不能克服，便会成为人们头顶上的乌云，挡住生命的阳光。

人们应该经常反省自己，特别是受到挫折时，有没有上述各种不合理信念的存在，如果有，那么就用合理信念代替它们，这样一来，情绪自然会由消极变为积极了。其实客观事物的发生、发展都是有一定规律的，不可能按某一个人的意志运转。对于某个具体的人来说，他不可能在每一件事情上都获得成功，所以我们最好少用"绝对""必须"这类字眼。同样，用一件事或几件事来评价整个人的做法也是非常武断的，是一种"理智上的法西斯主义"。不管是对自己还是对别人，最好是评价行为和表现，而那种认为某事的发生会糟糕至极的心理更是杞人忧天，因为毕竟"金无足赤，人无完人"。我们常常是在事情没发生时焦虑万分，而真正发生了就发现没有什么大不了的，虚惊一场。其实，早点告诉自己"天无绝人之路"，把忧虑的工夫用来做充分的准备岂不更好？

真正要做情绪的主人并不是一件容易的事，它需要我们反复与消极的自我作斗争，最终让"理性的我"战胜"非理性的我"，一旦战胜消极，成为积极的人，自然就能够调节自我情绪。

对于积极者来说，消极情绪是可以自动转化的。在一个春光明媚的日子，在鲜花灿烂的幼儿园里，许多小孩正在快乐地游戏，其中一个小女孩不知被什么东西绊了一下，突然摔倒了，并开始哭泣。这时，旁边有一位小男孩立即跑过来，别人都以为这个小男孩会伸手把摔倒的小女孩拉起来或安慰鼓励她站起来。但出乎意料的是，这个小男孩竟在哭泣着的小女孩身边故意也摔了一跤，同时一边看着小女孩一边笑个不停。泪流满面的小女孩看到这情景，也觉得十分可笑，于是破涕为笑，两人滚在一起乐不可支。虽然这个男孩还小，可他却可以巧妙地让小女孩破涕为笑，摔跤本来是很痛苦的一件事，却被他当成一种乐趣。这幅画面，让很多人看了都深有感触。

在积极者眼里，或许挫折、失败、逆境等只是他们战胜自己的障碍，他们会把这些当成人生的一种历练，甚至一种快乐，消极情绪自然不翼而飞。

恐惧的消极影响

恐惧是一种对人影响最大的情绪，几乎渗透到人们生活的每个角落，每个人都有惧怕的事情或者情景，而且不少事物或情景是人们普遍惧怕的，如雷电、火灾、地震、生病、高考、失恋等。现实生活中，我们可以看到有的人的恐惧心理异于正常人。这种无缘无故的与事物或情景极不相称、极不合理的异常心理状态，就是恐惧心理。它是一种不健康的心理，严重的即是恐惧症。

因为恐惧是一种企图摆脱困难而苦于无力的情绪，所以一旦寻得摆脱的途径，就会迸发出巨大的力量。

恐惧是大脑的一种非正常状态，它是由于人本身经历的扭曲或伤害引起的。它产生的原因已经为大部分人所遗忘。我们不希望承认自己恐惧，这种恐惧感被我们深埋在心底，犹如一个毒瘤。一个美国电气工人，在一个周围布满高压电器设备的工作台上工作。他虽然采取了各种必要的安全措施来预防触电，但心里始终有一种恐惧，害怕遭到高压电击而送命。有一天，他在工作台上碰到了一根电线，立即倒地而死，身上表现出触电致死者的所有症状：身体皱缩起来，皮肤变成了紫红色与紫蓝色。但是，验尸的时候却发现了一个惊人的事实：当那个不幸的工人触及电线的时候，电线中并没有电流通过，电闸也没有合上——他是被自己害怕触电的自我暗示吓死的。很多时候，恐惧其实并不能伤害我们。在忐忑不安的心绪的支配下，一种自然而然的焦虑就会在我们的心中积聚起来，转化为恐惧和惊慌失措。在这种情况下，我们就不能充分地享受生活了。因为恐惧，我们不敢去努力争取我们真心想得到的东西。由于害怕失败，我们会拒绝承担责任。由于害怕与他人不一致，我们就可能放弃自身的个性。

另一方面，恐惧会让我们的情绪紧张，这种紧张情绪会让我们排斥现实生活中的困难，然后完全沉浸在我们自己的想象的世界里，在这个想象的世界里，他是掌控一切的王者。然而，一旦我们回归到现实生活中，我们就会发现自己可掌控的太少。这种巨大的落差感使得我们痛苦万分。为了逃避这种痛苦，我们只好继续沉溺在想象的世界里，完成自己在现实生活中未完成的梦想。因此，我们尽量减少了各种活动，生活条件也消减到无处可退的地步。我们可能独处一室，几乎不出房门一步，或干脆藏身到朋友或亲戚家的地窖里，剩下的唯一可去的地方就是我们内心最深处，但由于我们的内心是恐惧的真正源头，所以一味地逃避最后也成了我们的祸根。

我们恐惧现实，在我们看来，现实中的一切都是汹涌的、吞噬性的力量，整个世界好像就是一个荒诞的噩梦，一种发了疯的景致。在这个荒诞的世界里，我们找不到任何可以给予我们安慰和信心的东西。而且，我们越是透过自己扭曲的感知力看世界，就越是感到恐怖和绝望。

随着其恐惧范围的扩散和恐惧强度的增加，越来越多的现实遭到日益严重的扭曲，以致我们最后什么事都做不了，因为一切都染上了恐怖的味道：天花板随时都会坍塌砸到自己，桌子上的水果刀随时都可能飞过来刺伤自己……总之，我们开始频繁地出现幻听、幻觉，开始觉得自己的身体就像外星人一样异样，这让我们感到恐惧，并时刻提高警惕，一刻也安静不下来。结果，我们的身体被弄得疲惫不堪，各种问题堆积在了一起。

随着内心恐惧感的加深，我们越发不相信自己应对世界的能力，越发逃避与外界的接触，逐渐退回到与世隔绝的状态。这个时候，我们已然沦为了恐惧的奴隶，逐渐丧失了对抗的能力。

不要怀疑自己的能力

悲观和失望等消极的情绪常常会让人们失去正常的判断力。所以，一个人在沮丧难过的时候，一定不要马上着手做重要事情，特别是可能会对我们的生活产生深远影响的人生大事，因为沮丧会使你的决策陷入歧路。一个人在看不到希望时，仍能够保持乐观，仍能善用自己的理智，这是十分不容易的。

当一个人在事业上经历挫折的时候，身边的人会劝你放弃，此时，如果听从了他们的话，那么我们注定会失败，如果能够再坚持一下，摆脱悲观的情绪，也许我们就能成功。

许多年轻人，他们在工作遭遇困难的时候选择了放弃，换成了自己完全不熟悉的领域，可是这样面对的困难更大，如果还是没有信心，任由悲观失望的情绪控制，那么就注定了一事无成。

悲观的时候，智慧才是最有用的，它能够帮助你作出正确的抉择：当有人引诱你放弃自己的道路时，你能坚定自己的目标而不受外界的影响；当自己的心开始动摇的时候，能够宽慰自己，让自己冷静下来。一直以来，当医生是杰克最大的梦想，为此他考上了医学院。刚开始学习的时候，他满心欢喜，完全沉浸在了幸福的氛围里。可是，好景不长，基础知识学完了，他们进入了解剖学和化学的课程。每天都要面对着不同的尸体，杰克感觉到恶心。在以后的日子里，他每天走进实验室都心惊胆战，唯恐见到什么让人呕吐的东西。

恐惧的心情一直折磨着杰克。他开始怀疑自己的选择是错误的，自己并不适合医生这个行业。思考了之后，他决定退学，选择一个更适合自己的职业。他把自己的决定告诉教授，教授说："再等等吧，你现在的决定并不能代表你的心声。等到你的决定忠于了你的心的时候，你再来找我。"

日子一天一天过去，开始的时候，杰克每天都在煎熬，时间长了，他习惯了实验室里消毒水的气味，熟悉了各种尸体的结构，也就不再对实验室感觉到畏惧了。4年后，杰克以优异的成绩毕业，他接受了一家大医院的聘请，成了那里最年轻的医生。

有一次，杰克回去看教授，他笑着对杰克说："还记得吗？你当年想放弃。""是的，教授，您阻止了我。"教授说："那时候你太悲观，还不能了解自己的心，所以我让你冷静下来。杰克，你记着，人在悲观失望的时候，千万别马上做决定，要给自己一点时间想一想，之后得到的答案也许就跟原来不同了。"一个人在失意时，头脑一片混乱，甚至会因此产生绝望的情绪，这是一个人最危险的时候，最容易作出糊涂的判断、糟糕的计划。一个人悲观失望时，就没有了精辟的见解，也无法对事物认识全面，也就失去了准确的判断力。所以忧郁悲观的时候，一定不能作出重要决断，等到头脑清醒、心情平复的时候，我们才可以设计更好的计划。

艾琳诺·罗斯福有句名言："恐惧是世界上最摧折人心的一种情绪。"高达百丈的两道悬崖夹着一条峡谷。悬崖十分陡峭，由几道光秃秃的铁索连接，充当过河的桥。

有4个人一起来到桥头，一个是瞎子，一个是聋子，另外两个是不瞎不聋的健全人，他们都要过河。他们一个一个地抓住铁索，凌空行进。结果，盲人、聋子过了桥，一个耳聪目明的人也过了桥，另一个则跌到了湍急的水流中，丢了性命。

瞎子说："我眼睛看不见，不知山高桥险，自然可以心平气和地攀索过桥。"

聋子说："我的耳朵听不见，不管水流如何咆哮怒吼，在我这里都是一片寂静，自然也可以坦然无惧地攀索过桥。"

安全过桥的健全人说："我过我的桥，险峰与我何干？急流与我何干？只管一步步落稳脚跟，不断向前就是了。"很多时候，实现理想，追求成功的过程，就像是在水流湍急、山高峰险的悬崖峭壁间过铁索桥。失败的原因和智商、力量等因素并不相关，而往往是被周围的环境所震慑，不敢放胆一搏。

我们应该向那些已经顺利过桥的人学习。一个人只要不自我设限，记住"险峰与我何干"，不畏惧眼前或周围的困难、险境，就能为自己开创一片无限广阔的天地。

不要被恐惧束缚手脚

我们的恐惧情绪，有一部分来自怕犯错误。我们总是小心翼翼地往前迈进，生怕迈错一步，给自己带来悔恨和失败。其实，错误是这个世界的一部分，与错误共生是人类不得不接受的命运。

错误并不是坏事，从错误中汲取经验教训，再一步步走向成功的例子也比比皆是。因此，当出现错误时，我们应该像有创造力的思考者一样了解错误的潜在价值，然后把这个错误当作垫脚石，从而产生新的创意。

事实上，人类的发明史、发现史到处充满了错误假设和失败观念。哥伦布以为他发现了一条到印度的捷径；开普勒偶然间得到行星间引力的概念，他这个正确假设正是从错误中得到的；爱迪生还知道上万种不能制造电灯泡的方法呢。

错误还有一个好用途，它能告诉我们什么时候该转变方向。比如你现在可能不会想到你的膝盖，因为你的膝盖是好的；假如你折断一条腿，你就会立刻注意到你以前能做且认为理所当然的事，现在都没法做了。假如我们每次都对，那么我们就不需要改变方向，只要继续进行目前的方向，直到结束。

不要用别人走过的路来作为自己的依据，要知道，自己若不去验证，你永远都不知道那是不是一个错误的依据。

其实，你也可以用反躬自问的方式来驱赶错误带给你的恐惧。例如，我从错误中可以学到什么？你可以审视你认为犯下的错误然后把从中得到的教训详列出来。千万别放弃犯错的权力，否则你便会失去学习新事物的机会以及在人生道路上前进的能力。你要牢记，追求完美心理的背后隐藏着恐惧。当然，追求完美有利于无须冒着失败和受人批评的危险。不过，你同时会失去进步、冒险和充分享受人生的机会。说来奇怪，敢于面对恐惧和保留犯错误权利的人，往往生活得更加快乐、更有成就。

马尔登曾经说过："人们不安和多变的心理，是现代生活常见的现象。"他认为，恐惧是一个人生命情感中难解的症结之一。面对自然界和人类社会，生命的进程从来都不是一帆风顺、平安无事的，总会遭到各种各样、意想不到的挫折、失败和痛苦。当一个人预料将会有某种不良后果产生或受到威胁时，就会产生这种不愉快的情绪，并为此紧张不安、忧虑、烦恼、担心、恐惧，程度从轻微的忧虑一直到惊慌失措。

最坏的一种恐惧，就是常常预感着某种不祥之事的来临。这种不祥的预感，会笼罩着一个人的生命，像云雾笼罩着爆发之前的火山一样，束缚住我们的手脚，让我们失去挣扎的力量，而被死死地困在里面。

第四章

掌控好情绪，做情绪真正的主人

别让抱怨成为习惯

琐碎的日常生活中，每天都会有很多事情发生，如果你一直沉溺在已经发生的事情中，不停地抱怨，不断地自责下去，你的心境就会越来越沮丧。只懂得抱怨的人，注定会活在迷离混沌的状态中，看不见前面亮着一片明朗的人生天空。

有时候，人生就是这样的，你坦然面对，却突然发现原来的事情都不那么重要了。所以要学会控制自己的情绪，跟家人和朋友一起，享受坦然的生活，追逐自然的幸福。美国小说家邓肯有这样一位朋友：家庭条件很好，但是就有一个不好的习惯——爱抱怨。

在邓肯的印象里，他这位朋友好像从来就没有顺心的事，什么时候与他在一起，只会听到他在不停地抱怨。高兴的事他抛在了脑后，不顺心的事他总挂在嘴上。每次见到邓肯就抱怨自己的不如意，结果他把自己搞得很烦躁，同时也把邓肯搞得很不安，邓肯甚至不愿再见到他。你周围有没有这样的朋友？他每天都会有许多不开心的事，他总在不停地抱怨。其实，他所抱怨的事也并不是什么大不了的事，而是一些日常生活中的小事情。

我们经常会碰到一些人，罗列一堆困难、一堆问题，列完之后把自己给吓住了，然后再往下，做不成了，开始替自己辩解，结果是开始抱怨，抱怨制度、抱怨资源……任何事都是别人的错，任何不利于自己的东西都是他抱怨的对象。

抱怨在什么时候都是不太好的习惯，任何人也都不愿意成为一个喜欢抱怨的人，这是在他们按常态去应对某些问题多次并且无效后，对解决问题的对象失去信心但又不甘心的状态下所表达出来的情绪行为。

而当这种情绪、抱怨的行为日复一日地被重复，就会形成惯性。一旦惯性形成，他们对问题的看法就会向消极方向想，解决问题的动力就会变成阻力。

抱怨的人最初的动机是希望事情被改变，并不是想推卸自己的责任。但当事情被忽略、被冷冻、被打压之后，就会异变成抱怨。从心理学上讲，说"抱怨的人不希望事情完全改变，他们只是为了卸掉自己的责任罢了"，这样的讲法并不客观，他们只是没能抓住解决问题的关键点以使现状能够得到改善。

抱怨是一种习惯性的情绪行为，不要说抱怨是个性。因为一旦被认同是"个性"就是"我"与生而来的东西，所以"我"不会去改变的。这也是抱怨会这么容易像"病毒"一样流行的原因。

我们与其抱怨生活的不如意，倒不如切切实实地为自己多寻找一些快乐。其实，快乐是心病的一剂良药，离苦得乐，是人生最本质的需要。快乐很简单，它与一个人的财富、地位、名气无关，它不需要大量的金钱去支撑，也不需要以名气为后盾，更不需要乌纱帽来提携。相反，快乐只与一个人的内在有关，物质财富的获得可能让人获得快乐，可是处理不当则会成为人生的负累，生活从此远离快乐，永无宁日。别让生活的不如意吞噬掉原本的快乐，坦然一些，才是好的。

消除迷惘，让情绪放松

如同惧怕失态一样，人们惧怕着迷惘。因此人们需要一个黑白分明的世界，为了解除迷惘所带来的焦虑。

这种对迷惘、对矛盾的惧怕是与他早期的生活环境分不开的，环境迫使一个人有决断能力，有主动精神，思维严谨，头脑清晰。这样的头脑很难同时接受那些模棱两可的，矛盾中的事物。它需要鲜明的界线：好或是坏、对或是错、道德或是非道德、疯狂或是理智、友人或是敌人。这使他难以在生活中采取一种变通坦诚的态度。对他来说，不存在什么过渡区。例如，根据他对正义的传统观念，一个人不是清白无辜，便是罪责难逃，不可能会有什么情况夹在这二者之间。任何行为都应该是泾渭分明。

无法忍受迷惘与矛盾，人的情绪会受到直接影响。逐渐地，人变得刻板、僵硬，这形成一种世风，要么统治别人，要么被人统治；要么强大欺人，要么软弱可欺。这使他无法愉快、充分地表现自己，——时而以一种方式，时而以另一种方式。因为一旦闯入"禁区"，比如说，表现了依赖性，他马上会感到不适和焦虑。有一个人的眼睛受伤了，然后他就产生了种种对未来可怕后果的想象，为此他遭受了两天两夜的折磨。他几乎彻夜难眠，想象着自己正躺在医院里，医生们开始做手术，而他的眼球可能要被摘除；他还想象着，自己的另一只眼睛也慢慢地受到了感染，自己成了一个盲人；成了盲人的自己，整天生活在黑暗中，进出需要别人的搀扶，成了一个活着的废物……他的整个思想完全陷入对可怕未来的臆想之中，他几乎要发疯了！在事故发生的几天后，朋友在街上看到他，他神采奕奕。朋友询问了他眼睛的情况，他说："哦，现在已经好了。只是一小粒煤渣掉了进去，引起了感染。"学会去承受发生在你生活中的每一件事，这是达到心境平和的唯一方法。你真的没有必要去焦虑，因为你有能力做好任何事。

从清晨到晚上，当人们试着作如何度过这一天的决定时，接连输进的资料会在我们脑海里引发起一场思想上的纷争。从我们睁开眼睛的那一刻开始，到疲倦地回到被窝里为止，有各种不同的事情需要我们做决定。

除掉外界因素，在我们内心深处，还和一些更令他们不安的不确定感在挣扎着，这些不确定感包括他们的健康、年龄、生活的保障及我们存在的意义。通常，我们不会把这种感受向别人倾吐。这只是一种日复一日向我们身体里每一个细胞侵袭的程序，使我们宝贵的精力被浪费在不能促进人类福祉或维护人们生命的思维里。

无论有多困难，大多数的人仍试图替自己内心的混乱找出解决之道来，原因是人的心灵无法永远忍受抵触。迷惘之所以令人困惑，是因为人不能一眼就看清构成它的各个不协调的部分。"我并不感到迷惘，"一个学生说，"这就是我！"从表面上看来，这句话并没说错，就像一桶牛奶一般。牛奶就是牛奶，难道不是吗？

人可能在未来的人生中都处在迷惘中，不管人们对掌握自己的人生感觉有无把握，人们的命运有一部分并不由自己控制。

心理上的焦虑并不能帮助我们解决什么问题，相反，它会使问题变得更困难。在焦虑的时候，我们的思考能力也降低了，一个个几乎都成了瞎子、聋子，使我们看不清事情的真相，而失去很多机会。这种焦虑，使得我们在考虑问题的时候，往往向坏的方向想，而不向着或很少向着好的方向考虑。有这种焦虑心态的人，不可能做成任何有价值的事情。由于无名焦虑的烦恼，由于对未来莫名的恐惧，由于对事态发展不能有一个正确的把握，他们做任何事情都不会有一个正确的方向。方向都错了，还会有正确的结果吗？

学会给自己减压

一位大企业的销售部经理，能力极强，也能适应高强度的工作。他老担心自己的行业会出现泡沫经济，一旦崩溃，优越的地位、收入将化为乌有；又担心自己已步入中年，那么多后生、小辈、新秀都生机勃勃，怎么保住个人的宝座啊？他整天忧心忡忡，似乎世界末日即将来临。

　　一名成绩平平的中学生，由于高考压力、早恋，觉得自己快要垮了。他在日记中写道："人为什么要活着，活着能不能为自己……活着是为了别人……"这些例子里的主人公都是低情商者，他们给自己压力使自己痛苦。其实压力和坏情绪都是自己给的。要随时给自己减压，人生才能真正轻松。一个小女孩趴在窗台上，看窗外的人正埋葬她心爱的小狗，不禁泪流满面，悲痛不已。她的外祖父见状，连忙引她到另一个窗口，让她欣赏他的玫瑰花园。果然小女孩的心情顿时明朗。老人托起外孙女的下巴说："孩子，你开错了窗户。"女孩情绪低落是因为她开错了窗户。压力大，情绪低落，是因为你看到的都是压力和负面的东西，换一种思路，变一种视角，你就会发现，原来压力都是自己营造的。

　　压力其实是一个过度使用的字眼。我们通常为必须承受最大压力的角色而竞争，并且因人们知道我们正处在压力之下而高兴。事实上，我们倾向于夸大我们所承受的压力又或者在无形中给自己增加压力。

　　一位学者说："当压力来临时，懂得减压的人才是高情商的人。"正确地看待压力，管理好自己的情绪。有很多人面对压力不是迎难而上，而是闹起了情绪，向别人抱怨、整天闷闷不乐。其实没有必要，你完全可以控制自己的情绪，把这些不必要的想法放在一边，集中精力做重要的事情，这样问题就会淡化在生活中，几乎所有的困难、挫折和不幸都会给人带来心理上的压力和情绪上的痛苦，都会使人面临前进与后退、奋起与消沉的困惑，而关键则在于你是否能控制这种情绪，驾驭你心理上的压力。其实，只要做好自我调节，适当减压，摆正自己的位置，不过高要求自己，也不低估自己的能力，放宽心，多运动，就可以轻松生活。以下介绍几种减压的方法：

1. 音乐治疗

音乐具有安定情绪和抚慰的功效。想尽情地发泄一番，那就听一听摇滚乐；想厘清一下情绪，那就听听古典音乐。买上一两张新碟，把自己关在房间里戴上耳机，你就可以尽情地沉浸在音乐的王国里了。

2. 影视治疗

看电影也是一个很不错的减压方法。有空去电影院看电影是很好的选择。如果觉得自己一肚子的委屈没有地方可以发泄，选一部悲剧片来看看吧，或者在心情烦躁时去看一些喜剧片，"笑一笑，十年少"，压力在笑声中会消失不见！

3. 户外活动

如果你实在感到压力无处不在，令你喘不过气来，那么选择周末去郊外活动活动吧，一方面可以约上三两知己一起行动，一边互谈人生，大吐工作中的苦水，另一方面尽情地享受户外清新的空气和美丽的田园景色。让压力在动动中消散吧。

4. 养宠物

回家后，让一只可爱的宠物帮助你忘却压力，再没有比这更好的方法了。科学家认为，养一只狗或是猫确实有好处。抚摸宠物会帮助你降低血压和减缓压力——对于人和动物都一样。当然，对某些人来说，养小猫、小狗本身就是一种压力。如果你不喜欢宠物，也可以试着养一对金鱼。研究表明，仅仅是看着鱼在水草中游动，也能使人放松和减轻压力。

5. 开怀大笑

大笑会让人的心脏、血压和肌肉的紧张感得到舒缓，从而分散压力。科学家已经发现，大笑具有与有氧健身法相同的功效。当人们笑的时候，其心跳、血压和肌肉的紧张度都会明显上升，接着会降至原先的水平之下。不要犹豫，笑会使人更加放松。

压力其实不是一种客观事实，而是一个主观感受。相同的事在不同的人眼中，会产生完全不同的感受。同样的事在同一个人身上，也可以随着环境、时间转变，而产生不同程度的压力。例如你第一次参加面试时，你会紧张得气也喘不过来，但当你第十次、第二十次时，你就仿佛如履平地，不费吹灰之力就可以安然度过了。

我们必须接受压力，但是这并不是它原有的特质。如果我们学着了解自己的需要和能力，找到一些控制压力的方法。没有任何事可以让压力上身：我们可以让这种现代恶魔滚一边去。

富兰克林·费尔德说过："成功与失败的分水岭可以用五个字来表达——我没有时间。"当你面对繁重的工作任务感到精神与心情特别紧张和压抑的时候，不妨抽一点时间出去散散心、休息休息，直至感到心情比较轻松后，再回到工作中来，这时你会发现自己的工作效率特别高。紧张过度，不仅会导致严重的精神疾病，还会使美好的人生走向阴暗。只有舒缓紧张情绪，放松自己的心灵之弦，才能在人生的道路上踏歌前进。

警惕社交焦虑症

在如今快节奏的现代生活中，社会交往日益增多，社会交往的成败往往直接影响着人们的升学就业、职位升降、事业发展、恋爱婚姻、名誉地位，因而使人承受着巨大的心理压力。由此产生焦虑情绪，造成心神不安、焦躁不安、严重影响其工作和生活。

患有社交焦虑症的人，对任何社交或公开场合都会感到恐惧或忧虑。患者对于在陌生人面前或可能被别人仔细观察的社交或表演场合，有一种显著且持久的恐惧，害怕自己的行为或紧张的表现会引起羞辱或难堪。有些患者对参加聚会、打电话、购物或询问权威人士都感到困难。

对于一般人来讲，参加聚会或活动等都会有轻微的紧张感，但这种紧张并不会影响实际交际。真正的社交焦虑症会导致无法承受的恐惧，严重的病例里，病患甚至会长时间把自己关在家里，孤立自己。这种病的患者害怕被人观察，害怕与人交往，更害怕在别人面前出洋相，因此总是处于焦虑状态。

我们大多数人在见到陌生人的时候多少会觉得紧张，这本是正常的反应，它可以提高我们的警惕性，有助于更快更好地了解对方。这种正常的紧张往往是短暂的，随着交往的加深，大多数人会逐渐放松，继而享受交往带来的乐趣。

然而，对于社交焦虑症患者来说，这种紧张不安和恐惧是一直存在的，而且不能通过任何方式得到缓解。每次与人交往时，这种紧张状态都会出现。紧张、恐惧远远超过了正常的程度，并表现为生理上的不适：干呕甚至呕吐。

一个不容忽视的方面是社交焦虑症的恶性循环。你和自己的知情人可能会说："既然知道患有社交焦虑症，避免参加社交活动不就行了？"

其实，你心里清楚没那么简单。我们可以给你解析一下你的恶性循环：害怕被人评价——缺乏社交技能——缺少社交强化——缺少社交经历——回避特定的场合——害怕被人评价。

由此可见，单纯回避可导致一系列的问题，如害怕被人评价，社交技能缺乏，而这种缺乏会导致回避行为的增加，进一步加重了社交焦虑症的症状。所以，单纯通过回避减轻病情只会导致病情越来越恶化。

对于社交焦虑症患者来说，只有积极地治疗才是对付社交焦虑症的最佳办法。一方面加强社交技能的学习和强化，另一方面可通过适当的药物治疗来帮助克服社交时由紧张、恐惧引起的身体不适，逐渐形成一个良性循环。对治疗，既不要急于求成，也不能自暴自弃。

形形色色的焦虑情绪不胜枚举，它们像病菌一样侵蚀着人们的精神和机体，不仅妨碍一个人畅通无阻地进入人际交往，还会直接影响人们的身心健康。其实，分析一下产生焦虑情绪的原因，无非是来自自卑心理；自我评价过低忽视了自己的优势和独特性。

让我们对焦虑情绪进行进一步剖析就会发现如下的特点。例如，有人做事急于求成，一旦不能立竿见影地取得成功，就气急败坏地从精神上"打败"了自己，这是焦虑陷阱之一。认为自己的表现不够出色，被别人"比了下去"丢了面子，于是就自责，自惭形秽，产生羞耻感，这是焦虑陷阱之二。缺乏多元化的观念，以为做不好的事情都是自己的责任，自己太笨。却不知一个问题的解决，其实需要多方面的条件，有时是"有心栽花花不发"，反而"无心插柳柳成荫"，但人们却常不能接受这样的现实，认为努力与回报不平衡，便埋怨社会不公平，这是焦虑陷阱之三。实际上绝大多数人和事物都是不好不坏、有好有坏、时好时坏，多侧面的特征各有其特色，我们不能用同一标准去衡量。绝对化的评价方式，常常会导致自己总是否定自己，这是焦虑陷阱之四。

安抚焦虑情绪，首先，对于引起焦虑的原因要有一定的认识，事实上是毫无缘由地焦虑。有一句话非常有意义："愿上天给我一颗平静的心，让我平静地接受不可改变的事情；给我一颗勇敢的心，让我有勇气改变可以改变的事情；给我一颗智慧的心，让我分辨两者！"能认清我们能改变和要接受的东西，就可以减少焦虑情绪。

另外，出现焦虑情绪的时候，可以适当地做一些放松训练，如深呼吸，逐步肌肉放松法等。正确的深呼吸方式要点是：保持一种缓慢均匀的呼吸频率，如缓慢吸气，稍稍屏气，将空气深吸入肺部，然后缓缓地把气呼出来。在深呼吸时应该可以感受到自己胸腔和腹部的均匀起伏。逐步肌肉放松法主要采用渐进性肌肉放松，通过全身主要肌肉收缩——放松地反复交替训练，通常由面部开始，逐步放松，直至全身肌肉放松，最后达到心身放松的目的，并能够对身体各个器官的功能起到调整作用。

其实，人类是地球上最高级的社会性动物，人群本身就是极其多样性和多元化的，每个人有自己的"自我意象"，每个人的个性、能力、社会作用等，都是他人不可替代的。所以要排除来自社会的心理压力所造成的焦虑，就必须改变自己的想法、观念和生活。

面对困境，先安抚情绪

大多数人都有过这样的经历，在学校的时候总是担心自己毕业后找不到工作，整天忧心忡忡；找到工作后又害怕自己在激烈的竞争中被淘汰，天天提心吊胆；有的人还害怕自己没有能力迎接突如其来的困难……

适当的忧虑可以促使人奋发向上，激发向上的原动力。但是，过度忧虑并不可取，它只会让人成天忧心忡忡，久而久之成为习惯，会影响你的心情，改变你的人生轨迹。凡事能够退一步想，不要那么耿耿于怀，忧虑就会减轻不少。只有删除了多余的忧虑，我们的生活才能更加舒畅。比方说今天上班迟到了，也可以安慰自己：说不定上班的人今天都起早了，一路过去都畅通无阻。万一塞车了，老板可能也还没到。

学着安抚自己的不良情绪，你不妨学着给自己写封信，自我对话，让自己更清楚自己。洛就是一个情绪疏导的能手，在她的生活中，任何不好的情绪都可以轻而易举地化解掉。下面就是洛写给自己的一封信，我们可以学习一下。

亲爱的洛：

知悉你最近常常觉得自己是世上最不幸的人：勤勤恳恳加班加点地工作，薪酬却是止步不前；尽心尽力持家，可家庭矛盾时有发生；真心真意付出感情，真正交心的朋友却没有一个。这些难道就是你哀叹自己命运无常的理由吗？

洛，你一定还记得诗人朗费罗说过的一句话吧，他说："你的命运一如他人，每个生命都会下雨。"洛，也许你现在正遭遇"下雨"天，所以你觉得悲伤、难过。但是令人有点忧郁的"雨"有时候却是激发诗人灵感的精灵：雨既有"行宫见月伤心色，夜雨闻铃肠断声"的忧愁美，也有"斜风细雨不须归"的洒脱美；既有"好雨知时节"的好雨，也有"潇潇冷雨敲庭窗"的冷雨。正处于人生的风雨期的你，为何不想想风雨过后也许能现彩虹呢？

人生的每一种境遇都有它到来的理由，不如意也是如此。学着正视不如意，即使前方雨雾迷蒙，也要久久地看，一次又一次地看，用一生的经历来看，看出前方的希望，看看是不是"所有的雨都会停的"，看看雨后的天空是不是更洁净、更美丽。

所以，请不要埋怨命运，请不要让坏情绪左右你，工作虽辛苦，你毕竟还有工作，比起那些失业的人，不是很幸福吗？劳心劳力地拼命工作，说明你还爱着你的工作，比起那些对工作毫无兴趣的人，不是很幸福吗？

看着前方，坚定地走，即使现在风雨满楼又有何妨！坚定地行走出属于自己的希望。

与你共勉！

每个人都有一条引导情绪的线路，指引你离开忧虑和沮丧的风雨天。因此，生活中情绪性的忧虑是多余的。生活中不如意之事很多，只要你善于把握自我，控制好自己的情绪，远离忧虑，迎接阳光灿烂的每一天。

无论是逃避问题还是对问题过分执着，实际上只可能有两种情况。一种是问题并不像我们所想的那么糟，至少没有达到无可挽回的地步。只要采取积极正确的态度，问题就会得到解决。这样，我们也就没有什么可忧虑的了。另一种情况是问题的确是超出了我们的能力所能解决的范围。对这种情况，我们就需要乐观一些，就像杨柳承受风雨一样，我们也要承受无可避免的事实。

哲学家威廉·詹姆士说："要乐于承认事情就是这样的情况。能够接受发生的事实，就是能克服随之而来的任何不幸的第一步。"所以，面对困境时，我们首先要做的就是安抚躁动的情绪，让大脑冷静下来，以便找到突破困境的出口。记住，不要做情绪的俘虏，要面对它，打败它。

控制思维，调动你的快乐情绪

哈佛大学教授威廉斯说："情感似乎指引着行动，但事实上，行动与情感是可以互相指引、互相合作的。快乐并非来自外力，而是来自内心，因此，当你不快乐的时候，你可以挺起胸膛，强迫自己快乐起来。"一位著名的电视节目主持人，邀请了一位老人做他的节目特邀嘉宾。这位老人的确不同凡响。他讲话的内容完全是毫无准备的，当然绝对没有预演过。

他的话把他映衬得魅力四射，不管他什么时候说什么话，听起来总是特别贴切，毫不造作，观众听着他幽默而略带诙谐的话语都笑弯了腰。主持人也显然对这位幸福快乐的老人印象极佳，像观众一样享受着老人带来的快乐。

最后，主持人禁不住问这位老人："您这么快乐，一定有什么特别的秘诀吧！"

"没有，"老人回答道，"我没有什么了不起的秘诀。我快乐的原因非常简单，每天当我起床的时候我有两个选择——快乐和不快乐，不管快乐与否，时间仍然会不停地流逝，我当然会选择快乐。如果要秘诀的话，这就是我快乐的秘诀。"老人的解释听起来似乎过于简单，但是他的话却包含着深刻的道理。记得林肯曾经说过："人们的快乐不过就和他们的决定一样罢了。"你可以不快乐，如果你想要不快乐。你可以告诉自己所有的都不顺心，没有什么是令人满意的，这样，你肯定不快乐。但是，如果你要快乐，尽管告诉自己："一切都进展顺利，生活过得很好，我选择快乐。"那么可以确定的是你的选择会变成现实。

"即使到了我生命的最后一天，我也要像太阳一样，总是面对着事物光明的一面。"诗人胡德说。

快乐是对自己的一种热爱，快乐是幸福的必需品，快乐是一种积极的心态，快乐是一种心灵的满足。你选择快乐，快乐就会选择你。

快乐可使人健康长寿，"笑一笑，十年少"，良好的情绪则是心理健康的保证。情绪即情感，指人的喜、怒、哀、乐等，常伴随个人的立场、观点及生活经历而转移。愉快的情绪会带来欢乐、高兴、喜悦，能使人心情舒畅、驱散疲劳，使人对未来充满信心，能承受生活中的种种压力。

其实，快乐原本就是很简单的事情，就像小孩子一样，小孩子为什么很容易就能获取快乐，这是因为他简单。简单的哭，简单的笑，简单的释放自我。而我们承认欠缺的就是这种简单，我们总会问："我要怎样才能得到快乐？""我要怎样才能获得幸福？"快乐和幸福本来就在你的手上，没有人可以拿得走，只不过，我们对自己缺乏一份信任，认为快乐和幸福不是那么简单就可以握在手中的。